问题青少年教育矫正管理丛书　主编◎苏春景
EDUCATION,CORRECTION AND MANAGEMENT OF PROBLEM YOUTH SERIES

人类高级情绪
道德情绪及其道德功能的理论与实证研究

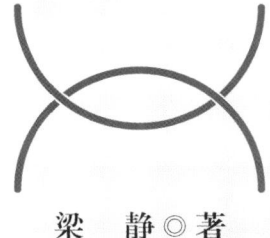

梁　静◎著

中国社会科学出版社

图书在版编目（CIP）数据

人类高级情绪：道德情绪及其道德功能的理论与实证研究 / 梁静著 . —北京：中国社会科学出版社，2020.6

ISBN 978-7-5203-6203-0

Ⅰ.①人⋯ Ⅱ.①梁⋯ Ⅲ.①青少年—情绪—影响—道德行为—研究 Ⅳ.①B842.6②B825.4

中国版本图书馆 CIP 数据核字（2020）第 054883 号

出 版 人	赵剑英
责任编辑	张　林
特约编辑	王　萌
责任校对	周晓东
责任印制	戴　宽

出　　版	中国社会科学出版社
社　　址	北京鼓楼西大街甲 158 号
邮　　编	100720
网　　址	http://www.csspw.cn
发 行 部	010-84083685
门 市 部	010-84029450
经　　销	新华书店及其他书店
印　　刷	北京明恒达印务有限公司
装　　订	廊坊市广阳区广增装订厂
版　　次	2020 年 6 月第 1 版
印　　次	2020 年 6 月第 1 次印刷
开　　本	710×1000　1/16
印　　张	12.5
插　　页	2
字　　数	193 千字
定　　价	69.00 元

凡购买中国社会科学出版社图书，如有质量问题请与本社营销中心联系调换
电话：010-84083683
版权所有　侵权必究

问题青少年教育矫正管理丛书

主　　　编：苏春景
副 主 编：郑淑杰　张济洲
编委会名单：（按姓氏笔画为序）
　　　　　　王　丹　王陵宇　孔海燕　苏春景
　　　　　　李克信　张济洲　郑淑杰　单爱慧
　　　　　　梁　静　董颖红

目 录

绪论 ………………………………………………………… (1)
  第一节 本书的研究背景 ………………………………… (1)
  第二节 本书的结构安排 ………………………………… (1)
  第三节 本书的特点分析 ………………………………… (2)

第一编 自我意识情绪

第一章 自我意识情绪概述 ……………………………… (7)
  第一节 自我意识情绪的特征 …………………………… (7)
  第二节 自我意识情绪的理论模型 ……………………… (10)
  第三节 自我意识情绪的研究方法 ……………………… (14)
  第四节 自我意识情绪的种类 …………………………… (17)

第二章 内疚——良心之责 ……………………………… (51)
  第一节 内疚的心理功能 ………………………………… (51)
  第二节 青少年特质内疚与亲社会行为的关系 ………… (58)
  第三节 青少年内疚情绪对亲社会行为的影响 ………… (63)

第三章 羞耻——"恼羞成怒"或"知耻后勇" ………… (67)
  第一节 羞耻的两面性 …………………………………… (67)
  第二节 普通中学生特质羞耻与攻击行为的关系 ……… (75)
  第三节 职高生特质羞耻、特质内疚与攻击行为

　　　　　关系的对比研究 …………………………………………（85）
　第四节　大学生羞耻情绪对欺骗行为的影响 ……………………（89）
　第五节　大学生内疚和羞耻情绪对亲社会行为影响的
　　　　　对比研究 …………………………………………………（93）

第四章　自豪——成功之喜 ……………………………………（98）
　第一节　自豪情绪的心理功能 ……………………………………（98）
　第二节　青少年特质自豪与亲社会行为的关系 …………………（101）

第二编　他人指向道德情绪

第五章　钦佩——见贤思齐 ……………………………………（109）
　第一节　钦佩概述 …………………………………………………（109）
　第二节　钦佩的心理功能 …………………………………………（113）

第六章　感戴——"投之以桃，报之以李" ……………………（120）
　第一节　感戴概述 …………………………………………………（120）
　第二节　感戴的道德功能 …………………………………………（125）

第七章　厌恶——"厌之深，责之切" …………………………（128）
　第一节　厌恶概述 …………………………………………………（128）
　第二节　厌恶对道德判断和道德行为的影响 ……………………（132）

第八章　愤怒——"迁怒于人"或"义愤填膺" ………………（135）
　第一节　愤怒概述 …………………………………………………（135）
　第二节　愤怒的双面性 ……………………………………………（138）

第三编　原型道德情绪

第九章　共情——感同身受 ……………………………………（145）
　第一节　共情概述 …………………………………………………（145）

第二节 共情的道德功能 …………………………………… (153)

第十章 总结与展望 ………………………………………… (157)

参考文献 ………………………………………………………… (159)

绪　　论

第一节　本书的研究背景

2004年2月26日，中共中央、国务院印发《关于进一步加强和改进未成年人思想道德建设的若干意见》，文件指出应扎实推进中小学思想道德教育。学校是对未成年人进行思想道德教育的主渠道，必须按照党的教育方针，把德育工作摆在素质教育的首要位置，贯穿于教育教学的各个环节。习近平总书记在党的十九大报告中指出"要加强思想道德建设。人们有信仰，国家有力量，民族有希望。要提高人民思想觉悟、道德水准、文明素养，提高全社会文明程度"。因此，加强思想道德建设已成为一项极为重要的战略任务。

20世纪的道德教育强调认知在道德发展中的作用，重视道德教育过程中道德认知能力的培养，认为道德教育的任务在于促进儿童道德判断、道德推理能力的发展。然而，事实表明，道德认知的提高并不等于道德行为的改善，高水平的道德推理与良好的道德行为之间并不存在必然联系。近年来，人们逐步开始强调情绪情感因素的突出作用，可见，对情绪在道德发展和道德教育中作用的深入研究势在必行。

第二节　本书的结构安排

道德情绪存在多种分类方法。艾森伯格认为，道德情绪主要有两类：一是自我意识的道德情绪，包括内疚和羞耻；二是共情。海特则把道德情绪分为四类：谴责别人的情绪（包括蔑视、愤怒和厌恶）、自我意识的情绪（内疚、羞耻和尴尬）、他人痛苦指向的情绪（同情）和赞赏他人的情绪（感戴和钦佩）。另有研究者把道德情绪分为自我意识情绪（内疚、羞耻、尴尬和自豪）、他人指向道德情绪（包括负性情绪的蔑视、愤怒、厌恶以及正性情绪的感戴、钦佩）和原型道德情绪（共情）三大类（Tangney，Stuewig，Mashek，2007）。

基于上述道德情绪的分类方法，本书分为三编，第一编首先对自我意识情绪进行概述，介绍了自我意识情绪的特征、理论模型、研究方法以及四种自我意识情绪（内疚、羞耻、尴尬和自豪）。接下来分别介绍自我意识情绪（内疚、羞耻、自豪）及其道德功能，其中既有对以往研究的总结，又有笔者在以往研究基础上进行的实证研究。

第二编主要介绍他人指向道德情绪，包括钦佩、感戴、厌恶、愤怒。在这部分，既有近年来逐渐受到关注的情绪，如感戴和钦佩，也有被研究较多的情绪，如愤怒和厌恶。

第三编介绍了原型道德情绪，即共情。笔者搜集、阅读了大量资料，对上述道德情绪及其道德功能进行了尽可能详细、全面的介绍。

第三节　本书的特点分析

一　既有理论分析，又有实证研究

本书兼具理论分析和实证研究。本书第一编介绍了自我意识情绪及其功能，其中主要介绍了内疚、自豪的亲社会功能以及羞耻功能的两面性。第一编在对以往研究（大部分为国外研究）进行总结的基础上，介绍了笔者在这方面做的大量研究，一定程度上填补了国内研究的不足。本书第二编和第三编主要从理论角度介绍了其他道德情绪及其研究进展，旨在为读者展示道德情绪研究的全貌。

二　既具系统性，又具前瞻性

本书兼具系统性和前瞻性。本书内容涵盖道德情绪与道德行为领域的主要方面，包括重要理论和实验事实，强调资料的系统性和权威性；在把握核心问题和主要发展脉络的基础上，突出反映了研究的最新进展，如内疚情绪的"第三方利益损害"研究、羞耻的双通道多水平模型等，并指出前沿问题和发展趋势。

三 研究对象年龄跨度较大，涵盖了青少年发展的多个时期

本书的研究对象年龄范围较大，既有中学生，也有大学生，涵盖了青少年发展的各个阶段。本书系统地对人类高级情绪——道德情绪及其道德功能（与道德行为的关系及对道德行为的影响）进行了全面分析，为研究者们继续开展相关研究奠定了基础。

第一编

自我意识情绪

第 一 章

自我意识情绪概述

自我意识情绪属于复合情绪的范畴，它是人们在社会交往中根据一定的价值标准评价自我或被他人评价时产生的情绪。这种评价可能是内隐的，也可能是外显的。重要的是，自我是被评价的对象。自我意识情绪的产生是个体自我觉察，将注意集中于自我，激活自我表征，并将当前的自我和个体认同的相关标准（如理想的自我）进行比较评估的过程。在1890年Willian James等理论家提出自我概念时，就认为自我包含正在自我觉察的我（I）和作为客体表征的我（me），正是这两种复杂的自我过程的共同发生使自我评价变成可能，从而产生自我意识情绪。

第一节 自我意识情绪的特征

众多国内外研究者[1][2][3][4][5]对自我意识情绪的特征进行了阐述，概括起来有以下几个方面：

---

[1] Lewis M., "The Self in Self-conscious Emotions", *Annals of the New York Academy of Sciences*, Vol. 818, 1997, pp. 119 – 142.

[2] Tracy J. L. & Robins R. W., "Putting the Self Into Self-Conscious Emotions: A Theoretical Model", *Psychological Inquiry*, Vol. 15, 2004, pp. 103 – 125.

[3] 冯晓杭、张向葵：《自我意识情绪：人类高级情绪》，《心理科学进展》2007年第15期。

[4] 俞国良、赵军燕：《自我意识情绪：聚焦于自我的道德情绪研究》，《心理发展与教育》2009年第2期。

[5] 杨丽珠、姜月、陶沙：《早期儿童自我意识情绪发生发展研究》，北京师范大学出版社2014年版。

一 自我意识情绪具有认知复杂性

和基本情绪相比，自我意识情绪具有认知复杂性。一般而言，基本情绪只卷入了少量的认知加工过程，不需要拥有复杂的认知能力；而自我意识情绪则是依靠认知参与的情绪，个体必须有能力形成稳定的自我表征，并且反思自己的行为，对自己是否达到了认可的目标、实际自我和理想自我表征是否一致进行评估，从而体验到自我意识情绪。

二 自我意识情绪是自我内部归因的产物

归因在自我表征和情绪之间起着中介作用。在引发情绪的诸多事件中，个体的自我表征被激活后，会根据一系列认同的标准、规则、目标对自己的行为进行评估，并对评估结果进行自我归因，判断引发事件的原因究竟是来自个体内部还是外部。如果个体把引发情绪的事件归因为内部，并需要为事件负责的时候，就会产生自我意识情绪；而把引发情绪事件归因为外部，则会产生基本情绪。因此，自我归因影响着自我评估过程并受到自我评估过程的影响，在自我意识情绪的形成和发展中发挥着重要作用。

已有研究证明，稳定性和整体性归因和不同类型的自我意识情绪有关。如果个体将成功事件归因为稳定的、整体的内部自我原因，则会产生自夸取向的自豪；如果归因为不稳定的、非整体的内部自我原因，则会产生成就取向的自豪。在失败事件中，如果个体归因为稳定的、整体的内部自我原因，则会产生羞耻倾向；而归因为不稳定的、非整体的内部自我原因，则会产生内疚情绪。还有研究表明，在公众场合，如果个体将注意力转向"公众自我"，从而激活了相应的"公我意识"，并评估自己的认同目标和公众的目标不一致，且将不一致归因于自我内部原因时，便会产生尴尬情绪。

三 自我意识情绪的发生晚于基本情绪

婴儿在生命最初的九个月内,已经产生了大多数的基本情绪[1]。然而自我意识情绪(最早出现的尴尬)要到十八到二十四个月的时候才会产生[2]。更多复杂的自我意识情绪(如内疚、羞耻、自豪)发生更晚,大约到3岁末才会出现[3][4][5]。

四 自我意识情绪促进社会目标的获得

从情绪的起源讲,情绪起源于自然选择的过程,基本情绪可以维持个体的生存和繁衍(生存目标),例如恐惧促使个体逃离危险刺激。自我意识情绪则有助于个体获得社会目标,例如保持社会地位,防止群体排斥[6][7]。

五 自我意识情绪具有更复杂的外显行为

基本情绪具有独特的、可广泛识别的面部表情,而自我意识情绪往往不能仅通过面部表情识别。自我意识情绪需要通过身体姿态或头部运

---

[1] Campos J. J., Barrett K. C., Lamb M. E., Goldsmith H. H. & Stenberg C., "Socioemotional development", *Handbook of Child Psychology*, Vol. 2, 1983, pp. 783 – 915.

[2] Lewis M., In M. Lewis & J. M. Self-conscious Emotions: Embarrassment, Pride, Shame, and Guilt, In Haviland-Jones (Eds.), *Handbook of emotions* (2nd ed.), New York: Guilford, 2000, pp. 623 – 636.

[3] Izard C. E., Ackerman B. P. & Schultz D., "Independent emotions and consciousness: Self-consciousness and dependent emotions", In J. A. Singer & P. Singer (Eds.), *At Play in the Fields of Consciousness: Essays in Honor of Jerome L. SingerMahwah*, NJ: Erlbaum, 1999, pp. 83 – 102.

[4] Lewis M., Alessandri S. M. & Sullivan M. W., "Differences in Shame and Pride as a Function of Children's Gender and Task Difficulty", *Child Development*, Vol. 63, 1992, pp. 630 – 638.

[5] Stipek D., "The development of pride and shame in toddlers", In J. P. Tangney & K. W. Fischer (Eds.), *Self-conscious Emotions: The Psychology of Shame, Guilt, Embarrassment, and Pride*, New York: Guilford, 1995.

[6] Keltner D. & Buswell B. N., "Embarrassment: Its Distinct Form and Appeasement Functions", *Psychological Bulletin*, Vol. 122, 1997, pp. 250 – 270.

[7] Tracy J. L. & Robins R. W., "Show Your Pride: Evidence for a Discrete Emotion Expression", *Psychological Science*, Vol. 15, 2004, pp. 194 – 197.

动结合面部表情来识别①②③。此外,对布基纳法索部落居民的研究表明,至少有两种自我意识情绪——骄傲和羞耻,可被广泛识别④。

第二节 自我意识情绪的理论模型

一 Weiner 的认知——情绪归因模型

Weiner（1985）⑤ 在以往研究的基础上,于1985年提出了认知—情绪的归因理论模型（见图1—1）。该理论主要阐述了归因的维度和不同归因方式导致个体对成功和失败产生不同的情绪反应。他认为,归因包括三个维度,即内因—外因、稳定—不稳定和可控性—不可控性,不同的归因方式将使个体产生不同的情绪体验,如自豪、羞耻、感激、内疚等情绪。该模型认为,某一事件结果产生之后,个体基于结果的成功或失败（基本评价）,将产生基本的积极或消极情绪反应。这些情绪包括成功情境下的高兴以及失败情境下的挫败感和悲伤感,它们的产生依赖于是否达到目标,即事件的结果。

伴随着对结果的评价和直接的情绪反应,将产生对事件的归因。根据归因的不同,将产生一系列不同的情绪。例如,如果将成功归因于好运,个体将产生自大感；而如果将成功归因于长期努力的结果,个体将产生自豪感。此外,认知维度对情绪有重要的作用。例如,成功或失败可以内归因于人格、能力或努力、自豪或自我价值,也可以外归因于积极的或消极的结果。与自我相关的情绪受归因点而不是原因本身的影响。

---

① Izard C. E., The Face of Emotion, East Norwalk: Appleton-Century-Crofts, 1971.

② Keltner D., "Signs of Appeasement: Evidence for the Distinct Displays of Embarrassment, Amusement, and Shame", *Journal of Personality and Social Psychology*, Vol. 68, 1995, pp. 441 – 454.

③ Tracy J. L. & Robins R. W., "Show your Pride: Evidence for a Discrete Emotion Expression", *Psychological Science*, Vol. 15, 2004, pp. 194 – 197.

④ Tracy J. L. & Robins R. W., "The Nonverbal Expression of Pride: Evidence for Cross-cultural Recognition", *Journal of Personality and Social Psychology*, Vol. 94, 2008, pp. 516 – 530.

⑤ Weiner B., "An Attributional Theory of Achievement Motivation and Emotion", *Psychological Review*, Vol. 92, 1985, pp. 548 – 573.

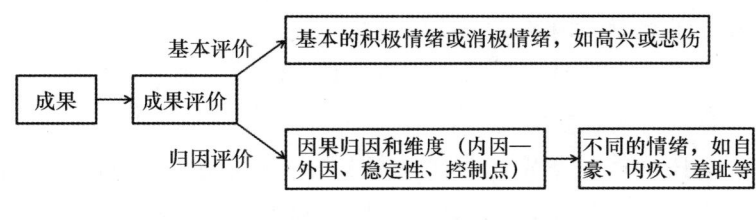

图1—1 认知—情绪归因模型

二 Lewis 的自我意识情绪一般发展模型

Lewis（1997）[①] 提出了自我意识情绪的一般发展模型。在该模型中，儿童情绪的发展被分为三个阶段，如图1—2所示。

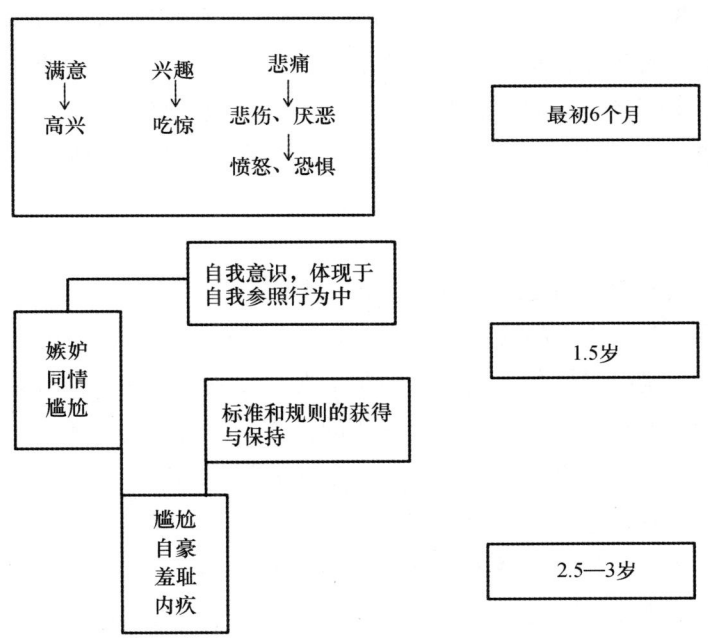

图1—2 自我意识情绪的一般发展模型

第一阶段（0—6个月），出现基本情绪。兴趣、高兴、悲伤和厌恶一

---

① Lewis M., "The Self in Self-conscious Emotions", *Annals of the New York Academy of Sciences*, Vol. 818, 1997, pp. 119–142.

般在出生后的短时间内即可出现。愤怒一般出现于4个月时,而吃惊则出现于6个月时。当给予合适的诱发环境,吃惊、愤怒、恐惧和悲伤在出生十周的婴儿中也会出现。

第二阶段(1.5—2岁),在自我认知发生的基础上,出现初级自我意识情绪。自我系统在出生后的两年内发展起来,先出现的是对自我与他人区别的认知,8个月左右出现客体永恒认知,这种客体永恒认知一般到18个月时达到稳定水平。自我参照行为的发展具有一定的规律性,于15—24个月时产生。自我意识情绪是以自我参照行为为特征的一组情绪。只有当自我参照的认知能力发展了,才能产生初级自我意识情绪,包括尴尬(显露尴尬)、同情和嫉妒。

第三阶段(2.5—3岁),儿童开始进入次级自我意识情绪的阶段,也被称为自我意识评价情绪。认知机能的产生和巩固为次级自我意识情绪的出现做好了准备。同时,儿童认识到了社会世界的其他方面,包括情绪图式和行为准则等,这时,次级自我意识情绪产生,包括尴尬、自豪、羞耻和内疚。

三 自我意识情绪发展的动态网状模型

根据研究者提出的情绪发展的动态网状模型[1],他们认为情绪的发展是动态而不是阶段性的,类似于网状地向前发展。基于情绪发展的动态网状模型,该理论认为自我意识情绪的状态是评价、情感和行为成分系统相互作用、相互协调的结果,三个成分系统中任何一个系统发生改变,都将可能导致自我意识情绪状态的改变,同时,自我意识情绪的发展是生物的、个人的和文化系统相互作用的结果。自我意识情绪的发展遵循不断细分的规律,随着儿童认知能力的发展,他们的自我意识情绪开始不断地细分,不同文化背景使他们的自我意识情绪朝不同的方向和途径向前发展,因而自我意识情绪的发展是多个因素相互协调、相互作用的过程。

---

[1] Mascolo M. F., Fischer K. W. & Li J., "Dynamic Development of Component Systems of Emotions: Pride, Shame, and Guilt in China and the United States", *Handbook of Affective Sciences*, 2003, pp. 375–408.

四 Tracy 和 Robins 的自我意识情绪加工模型

Tracy 和 Robins 提出了自我意识情绪的加工模型①，该模型强调自我意识情绪的特点，并将其与基本情绪进行了区分，反映了自我意识情绪产生的认知加工过程，如图 1—3 所示。

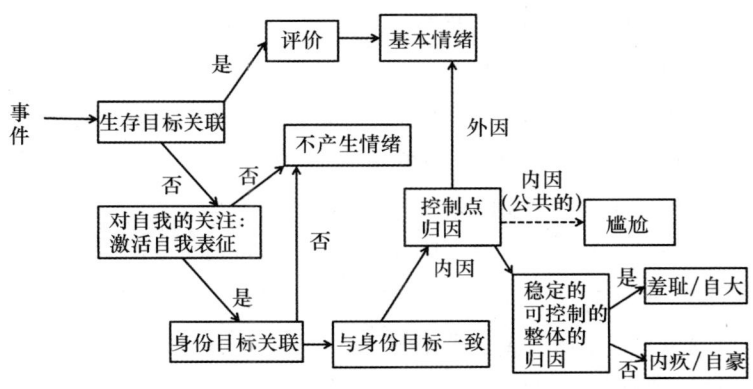

图 1—3 自我意识情绪的加工模型

第一，生存目标关联（Survival Goal-Relevance），指的是事件（Event）是否与生存和繁衍有关。当事件被评价为与生存目标有关时，就会产生某种基本情绪；当事件被评价为与生存目标无关时，则不会产生任何情绪。

第二，对自我的关注：激活自我表征（Attentional Focus on Self, Activation of Self-Representation）。自我意识情绪的产生需要个体将注意指向客体自身，随后激发其自我表征。这种自我注意的状态和相应的自我表征的激活使个体做出反思性的自我评价。

在该理论模型中，自我意识情绪出现的必备条件是自我表征的激活。当注意指向自我，自我表征被激活时，个体能够对这些表征和外部情绪诱发事件进行比较。这些比较是诱发自我意识情绪的必要因素。反之，

---

① Tracy J. L. & Robins R. W. , "Putting the Self into Self-conscious Emotions: A Theoretical Model", *Psychological Inquiry*, Vol. 15, 2004, pp. 103 – 125.

当个体的注意完全指向外部环境时，则妨碍了自我表征的形成，从而使个体无法体验自我意识情绪。

个体稳定的自我表征激活包括真实的和当前的自我表征（"我是独立的"）、理想的自我表征（"我希望变得更加独立"）以及应该履行职责和义务的自我表征（"我的父母认为我应该更加独立"）[1]。这种自我表征可以关注过去、现在和未来的自我[2][3]，也可以涉及个人（个体的）和公众（人际的、社交的、集体的）两个方面。

第三，身份目标关联（Identity—Goal Relevance）："这要紧吗"或"我是谁"。当注意指向自我表征时，就可以评价事件是否与身份目标相关。与身份目标相关的事件会诱发自我意识情绪，也能诱发基本情绪；而与身份目标无关的事件则不会诱发自我意识情绪。

第四，与身份目标一致（Identity—Goal Congruence），指事件是否与"自己是谁"或"自己想成为怎样的人"相一致。正性自我意识情绪，如自豪，可以由身份目标一致的评价引发；而负性自我意识情绪，如羞耻、内疚和尴尬，则可以由身份目标不一致的评价引发。

第五，控制点归因（Locus Attribution），即事件的发生是否与自我有关。自我意识情绪需要内部归因，基本情绪则不需要。当个体对事件做出内部归因时，就会产生自我意识情绪。

第六，稳定的、可控制的和整体的归因。不同的归因方式会影响特定自我意识情绪的产生。如图1—3所示，羞耻和自大往往是由稳定的、可控制的、整体的归因引起；而内疚和自豪，往往由不稳定的、不可控制的、具体的归因引起。

第三节 自我意识情绪的研究方法

自我意识情绪的研究方法主要分为四类，自我报告测量（Self-report

---

[1] Higgins E. T., "Self-discrepancy: A Theory Relating Self and Affect", *Psychological Review*, Vol. 94, 1987, pp. 319–340.

[2] Markus H. & Nurius P., "Possible Selves", *American Psychologist*, Vol. 41, 1986, pp. 954–969.

[3] Wilson A. E. & Ross M., "From Chump to Champ: People's Appraisals of Their Earlier and Present Selves", *Journal of Personality and Social Psychology*, Vol. 80, 2001, pp. 572–584.

Scales)、非言语行为编码（Coding of Nonverbal Behavior）、言语报告和行为测量相结合（Verbal Reports and Behavioral Measures）以及认知神经科学技术（Cognitive Neuroscience Technique，如 PET、fMRI）。

一 自我报告测量

1. 基于情境测量（Situation-based Scales）：被试阅读一段情境描述，进而引发一种特定的情绪，然后要求被试评定自己对该特定情绪的体验程度。如"假设你因为绊倒而没有赶上一辆满载人的公交车"，请你对"尴尬"这种情绪进行等级评定。

2. 基于情节测量（Scenario-based Scales）：要求被试阅读假设的剧情，同时提供多个、反应选项，要求被试评估每个选项的可能性，所提供的反应选项通常测查被试的行为、思想，还有体验。如"你在工作中犯了一个错误，但是你的同事却因此受到批评"，然后要求被试评估以下选项发生的可能性：（a）你可能会认为公司老板不喜欢你的同事；（b）你可能会认为"生活是不公平的"；（c）你可能会保持沉默并回避同事；（d）你可能感到不开心并急切地想要纠正这个错误。

3. 基于陈述测量（Statement-based Scales）：被试对列出的描述他们曾经历的情感、认知或者行为的句子或短语进行评定。如一项关于尴尬的研究，请被试对下面的陈述做出同意或不同意的选择，"我真想找个地缝钻进去，并马上消失"。

4. 基于形容词评定量表（Adjective-based Scales）：被试评估他们所体验到的不同情绪的程度，如内疚、害羞等。形容词评定量表可以用来评估特质或状态性的情绪，测量的情绪是特质还是状态的指导语起着关键作用。如"请指出通常情况下（或总的来说），你有这种感觉（如尴尬）的程度有多大？"或者"请指出目前你对这种情绪（如尴尬）感受的程度有多大？"前者指向特质性情绪，后者指向状态性情绪。

二 非言语行为编码技术

20世纪70年代，研究者发现基本情绪具有明显的、普遍性的表情识别系统，并编制了基本情绪的面部活动编码系统，即 FACS[1]。这种对情绪面部表情的测量方法被称为非言语行为编码技术。对于自我意识情绪，研究者也试图观察其是否具有明显的、非言语的情绪表达系统。研究发现，参与自我意识情绪表达的肌肉活动单元不仅局限在面部，还包括头部动作、身体姿势和手臂动作等[2]。研究者对尴尬、自豪和羞耻的非言语行为表达的相关研究进行了梳理，并发现了与每种情绪活动相关的动作单元[3]。但内疚的情绪研究至今尚未发现可靠的、稳定的、能够被识别的非言语行为表达系统。

三 言语报告和行为测量相结合技术

这种技术是面部表情、动作行为和言语报告相结合的编码技术。由于年龄较小儿童的言语能力尚未完全发展，他们尚不能很好地报告自己所感受到的自我意识情绪，针对这一局限性，研究者首先采用游戏情境诱发儿童产生目标情绪，然后对儿童的外显行为进行编码评分，以此对其情绪发生状况进行研究。例如，研究者采用游戏情境（任务失败或成功情境）引发儿童的情绪（羞耻或自豪），并对儿童在游戏过程表现出的言语和行为进行编码计分[4]。对羞耻的行为编码为嘴角向下撇，或嘴唇收缩，眼睛向下看或斜视，不关注游戏任务，同时伴有消极的自我评价，如"我不擅长玩这个游戏"；对自豪的行为编码为昂首挺胸，微笑或双唇紧闭，目光直视他人，同时伴有积极的自我评价，如"太棒了，我做到了！"

四 认知神经科学技术

随着脑认知（功能）成像技术的快速发展，人们对自我意识情绪的神经机制有了初步了解。研究者采用 PET 技术研究了内疚发生时脑活动

---

[1] Ekman P. & Friesen W. V. , "Constants Across Cultures in the Face and Emotion", *Journal of Personality and Social Psychology*, Vol. 17, 1971, pp. 124 - 129.

[2] Tracy J. L. & Robins R. W. , "Death of a (Narcissistic) Salesman: An Integrative Model of Fragile Self-Esteem", *Psychological Inquiry*, Vol. 14, 2003, pp. 57 - 62.

[3] Tracy J. L. , Robins R. W. & Schriber R. A. , "Development of a FACS-verified Set of Basic and Self-conscious Emotion Expressions", *Emotion*, Vol. 9, 2009, pp. 554 - 559.

[4] Lewis M. , Alessandri S. M. & Sullivan M. W. , "Differences in Shame and Pride as a Function of Children's Gender and Task Difficulty", *Child Development*, Vol. 63, 1992, pp. 630 - 638.

的变化①；使用 fMRI 对尴尬进行了研究②。另有研究者采用 fMRI 对内疚和尴尬这两种情绪进行了对比研究③，该研究者又采用 fMRI 对自豪和高兴情绪判断的脑机制进行了对比研究④。Michl 等⑤采用 fMRI 考察了内疚和羞耻的生物学基础，研究者又在此基础上采用 fMRI 技术考察了强迫症个体加工内疚和羞耻时生物学基础的差异⑥。可见，认知神经科学技术已经成为探讨自我意识情绪脑神经机制的一种重要方法。

第四节 自我意识情绪的种类

一 内疚（Guilt）

（一）内疚概述

1. 内疚的概念

内疚是一种人类最为普遍的道德情绪。由于心理学家们各自的认识与侧重点不同，对内疚概念也做出了不同的界定。

Hoffman⑦认为，内疚是当个体做出危害他人的行为或违反了道德准则后产生的良心不安，对行为负有责任的一种负性体验。Ferguson 等⑧将内疚定义为，当主体实际/预计产生或卷入负性事件时被唤起的极度不安

---

① Shin L. M., Dougherty D. D., Orr S. P., et al., "Activation of Anterior Paralimbic Structures During Guilt-related Script-driven Imagery", *Biological Psychiatry*, Vol. 48, 2000, pp. 43 – 50.

② Berthoz S., Armony J. L., Blair R. J. R. & Dolan R. J., "An fMRI Study of Intentional and Unintentional (embarrassing) Violations of Social Norms", *Brain*, Vol. 125, 2002, pp. 1696 – 1708.

③ Takahashi H., Yahata N., Koeda M., et al., "Brain Activation Associated with Evaluative Processes of Guilt and Embarrassment: An fMRI Study", *Neuroimage*, Vol. 23, 2004, pp. 967 – 974.

④ Takahashi H., Matsuura M., Koeda M., et al., "Brain Activations During Judgments of Positive Self-conscious Emotion and Positive Basic Emotion: Pride and Joy", *Cerebral Cortex*, Vol. 18, 2007, pp. 898 – 903.

⑤ Michl P., Meindl T., Meister F., et al., "Neurobiological Underpinnings of Shame and Guilt: A Pilot fMRI Study", *Social Cognitive and Affective Neuroscience*, Vol. 9, 2012, pp. 150 – 157.

⑥ Hennig-Fast K., Michl P., Müller J., et al., "Obsessive-compulsive Disorder-A Question of Conscience? An fMRI Study of Behavioural and Neurofunctional Correlates of Shame and Guilt", *Journal of Psychiatric Research*, Vol. 68, 2015, pp. 354 – 362.

⑦ Hoffman M. L., "Development of Prosocial Motivation: Empathy and Guilt", In *The Development of Prosocial Behavior*, pp. 281 – 313.

⑧ Ferguson T. J., Stegge H. & Damhuis I., "Children's Understanding of Guild and Shame", *Child Development*, Vol. 62, 1991, pp. 827 – 839.

的情绪或令人痛苦的一种后悔感。Tangney 等①将内疚视为一种负性体验，当个体违反了道德原则，产生了危害他人的行为时，出现的良心上的反省与羞愧。Lewis②认为内疚的产生是因为个体觉察到自己的行为是失败的，这样的评价会让个体感受到痛苦，它的根源是失败行为出现的原因和受到伤害的对象，所以主要集中在自身的行为上。徐琴美和张晓贤③认为，内疚是对自己具体行为违反了规则的一种消极评价，是一种内心的不舒适感，由内疚激发的动机和行为倾向指向产生弥补行为，如道歉等。杨玲和樊召锋④认为，内疚是个体由于做错事或自己的行为伤害了他人或违反了规则而产生的带有惭愧、不安、自责的内心情感体验。

最近一些研究者认为内疚包含认知与情绪两个主要成分⑤⑥，内疚是个体觉得他们的真实或者假想的行为产生了不良的后果，并且违反了自我道德标准而产生的痛苦的情绪体验。内疚的认知成分主要表现为自我反省、社会比较、冲突加工以及观点采择等。这些认知成分可能激活颞顶交界处、颞极、楔前叶、内侧前额皮层等社会认知相关的脑区⑦⑧。另外，内疚在情绪相关脑区，如脑岛及前扣带回有更强的激活⑨⑩。

---

① Tangney J. P., Wagner P. & Gramzow R., "Proneness to Shame, Proneness to Guilt, and Psychopathology", *Journal of Abnormal Psychology*, Vol. 101, 1991, pp. 469-478.

② Lewis M., "The Self in Self-conscious Emotions", *Annals of the New York Academy of Sciences*, Vol. 818, 1997, pp. 119-142.

③ 徐琴美、张晓贤：《5—9 岁儿童内疚情绪理解的特点》，《心理发展与教育》2003 年第 3 期。

④ 杨玲、樊召锋：《中学生内疚与羞耻差异的对比研究》，《中国心理卫生杂志》2008 年第 22 期。

⑤ 张琨、方平、姜媛等：《道德视野下的内疚》，《心理科学进展》2014 年第 22 期。

⑥ Tilghman-Osborne C., Cole D. A. & Felton J. W., "Definition and Measurement of Guilt: Implications for Clinical Research and Practice", *Clinical Psychology Review*, Vol. 30, 2010, pp. 536-546.

⑦ Frith C. D., "The Social Brain?", *Philosophical Transactions of the Royal Society of London B: Biological Sciences*, Vol. 362, 2007, pp. 671-678.

⑧ Takahashi H., Yahata N., Koeda M., et al., "Brain Activation Associated with Evaluative Processes of Guilt and Embarrassment: an fMRI Study", *Neuroimage*, Vol. 23, 2004, pp. 967-974.

⑨ Basile B., Mancini F., Macaluso E., et al., "Deontological and Altruistic Guilt: Evidence for Distinct Neurobiological Substrates", *Human Brain Mapping*, Vol. 32, 2011, pp. 229-239.

⑩ Basile B., Mancini F., Macaluso E., et al., "Abnormal Processing of Deontological Guilt in Obsessive-compulsive Disorder", *Brain Structure and Function*, Vol. 219, 2014, pp. 1321-1331.

冷冰冰等①将内疚定义为，个体意识到自己现实的或想象的行为对他人或自己造成了伤害而产生的反省、自责并伴随负性情绪体验的一种心理状态与过程。本书将参照冷冰冰等的定义。

2. 内疚的分类

根据真实性，内疚可以分为真实违规内疚与虚拟体验内疚。平常所说的内疚多指违规内疚，即当个体真实地违背了社会道德或者是伤害了他人而产生的内疚。个体因违规产生内疚时，通常会产生补偿或道歉等亲社会行为②③，或者通过自我惩罚减轻内疚④。某些时候，个体并没有真正伤害他人或违背社会道德而产生的内疚，即为虚拟内疚。虚拟内疚可以进一步分为关系性内疚、发展性内疚、责任性内疚及幸存性内疚⑤，诱发虚拟内疚的主要原因是共情⑥。

根据责任的来源，内疚也可以划分为个体内疚与群体内疚。前者指内疚者因自己的过错产生的内疚，后者指自身所属群体做过不道德行为或错误行为诱发的内疚感⑦。

根据指向性，可以将内疚分为指向自己与指向他人的内疚，如"自己醉酒驾车撞到了一棵树导致车损人伤"诱发的内疚是指向自我的内疚；若"自己醉酒驾车撞到了行人导致路人伤亡"诱发的内疚则是指向他人的内疚⑧。指向他人的内疚有时并非缘于自己的错误与违规，有可能

---

① 冷冰冰、王香玲、高贺明等：《内疚的认知和情绪活动及其脑区调控》，《心理科学进展》2015年第23期。

② De Hooge I. E., Zeelenberg M. & Breugelmans S. M., "Moral Sentiments and Cooperation: Differential Influences of Shame and Guilt", *Cognition and Emotion*, Vol. 21, 2007, pp. 1025 – 1042.

③ Howell A. J., Turowski J. B. & Buro, K., "Guilt, Empathy, and Apology", *Personality and Individual Differences*, Vol. 53, 2012, pp. 917 – 922.

④ Inbar Y., Pizarro D. A., Gilovich T. & Ariely D., "Moral Masochism: on the Connection Between Guilt and Self-punishment", *Emotion*, Vol. 13, 2013, pp. 14 – 18.

⑤ Hoffman M. L., *Empathy and Moral Development: Implications for Caring and Justice*, Cambridge, UK: Cambridge University Press, 2000.

⑥ Hoffman M. L., "Development of Prosocial Motivation: Empathy and Guilt", In *The development of Prosocial Behavior*, 1982, pp. 281 – 313.

⑦ Branscombe N. R., Slugoksi B. & Kappen D. M., "The measurement of Collective Guilt", *Collective Guilt: International Perspectives*, 2004, pp. 16 – 34.

⑧ Morey R. A., McCarthy G., Selgrade E. S., et al., "Neural Systems for Guilt from Actions Affecting Self Versus Others", *Neuroimage*, Vol. 60, 2012, pp. 683 – 692.

只是因自己比他人更幸运而产生内疚，如"我获得了特等奖，而我的好友连优秀奖也没得到"，此类内疚被称为利他内疚，常出现在人际情境中①。

（二）内疚的理论

1. 精神分析理论的主要观点

在心理学界，最早对内疚进行详细描述的是精神分析学派创始人弗洛伊德。在他看来，内疚的产生并不是因为伤害他人，而是源于幼年时被父母抛弃或受到惩罚后所产生的焦虑。这种焦虑与父母、其他人都有关，但主要是指向前者，如果这种感觉未被表达出来，就会指向自己。埃里克森认为内疚产生于幼儿期，如果幼儿的父母对其要求过高，就会促使幼儿将父母的控制进行转化，成为对自己的过度控制，一旦达不到父母的要求，就会产生内疚。弗洛伊德和埃里克森都认为父母对儿童内疚的产生有巨大的影响。

之后的精神分析学家从人格的角度对内疚进行了研究，认为内疚的发展是在人格的基本结构（本我、自我、超我）出现之后才有的。当"自我"违反了"超我"认定的品行标准或价值观时，"自我"与"超我"之间就会出现矛盾冲突，从而引发内疚。"自我"的表现是攻击性，而"超我"是"良心"，是儿童将对错的规则内化而形成的，这与父母设定的规则基本上是一致的，一旦违反就会感到内疚。

2. 存在主义理论的主要观点

罗洛·梅提出了"存在内疚"的观点，和弗洛伊德一样，他也认为内疚与焦虑有关，丧失或分离是内疚的来源，有潜力丧失、与同伴分离和与自然分离三种形式。内疚与焦虑相同，是人们难以避免的感觉。但是，有研究者并不十分赞同罗洛·梅的观点，认为分离的概念需要谨慎处理，它的存在未必能引发内疚。内疚的产生是因为品行与标准相背离，它的出现会让个体愿意接受惩罚或者向正确的方向发展。

总之，精神分析理论和存在主义理论都认为内疚体验是因为个体意识到自己违背了内化的某些标准而产生的，但这两种理论并未深入探讨

---

① Basile B., Mancini F., Macaluso E., et al., "Deontological and Altruistic Guilt: Evidence for Distinct Neurobiological Substrates", *Human Brain Mapping*, Vol. 32, 2011, pp. 229-239.

内疚的内在心理过程。

3. 情绪分化理论

根据 Izard 的理论，内疚是个体在不断进化的过程中出现的，不需要学习就已经具备，这点与其他情绪类似，如恐惧。他指出，良心中的重要情绪就是内疚，内疚体验把内疚的源头与个体联系在一起，个体一定要尽全力促使自己的社会协调能力恢复，否则内疚的程度就不会削减。内疚反应与行为之间的平衡代表了个体在良心与品行上的成熟程度。而内疚—认知定向在良心中处于中心位置，Izard 将其称为"责任感"，它会影响个体的行为，从而使内疚感降低。

在 Izard 的情绪分化理论提出之后，心理学界已经基本统一了对内疚的界定。他们多数从道德的角度来定义内疚，认为个体因为违反了一定的道德标准而出现的情绪状态就是内疚，它是个体良心发现的一种表现。

4. 移情理论

有研究表明，15—20 个月大的婴儿会表现出移情式的悲伤，虽然并未能确定他们产生了内疚，但有证据表明他们的行为至少是自责的初级形式。五年后，对这些婴儿再次进行实验评估，那些曾出现类似内疚反应的被试比没有出现类似反应的被试更容易产生内疚。

Hoffman 于 20 世纪 60 年代在移情的基础上提出了虚拟内疚理论。该理论从交往和道德内化两个角度，认为内疚是当人们看见他人痛苦时所产生的移情反应。在这个过程中，个体会觉得是自己的过失给对方造成了伤害，而且会对自我产生厌恶并体验到轻视自己的痛苦，同时也会感到后悔、紧张。为了降低内疚所带来的不适感，个体会尽量减少不良行为，或在行为发生后尽力对受害者加以补偿，以期减少伤害和减轻内疚。在 Hoffman 的观点中重点强调了内疚的移情基础，突出了内疚中的情绪与认知的成分。

（三）内疚的发生发展

Lewis[①] 认为，婴儿在 18—24 个月时开始出现自我意识情绪，而内疚

---

① Lewis M., "The Self in Self-conscious Emotions", *Annals of the New York Academy of Sciences*, Vol. 818, 1997, pp. 119 – 142.

作为次级自我意识情绪，大约在 3 岁末时才会出现。Hoffman[①] 从道德内化的角度对内疚的发展进行阐述，他认为当八九个月大的婴儿有目的的行为导致他人悲伤时，由于移情的作用，就会感到忧伤。大约一年后，这种忧伤就会表现为内疚。杨丽珠、姜月和陶沙[②]探讨了幼儿内疚的发生发展特点。他们通过分析以下四个方面的指标来确定幼儿内疚的发生，包括目光回避（低头向下看/偷偷瞄对方）、消极的情绪状态（情绪低落/局促不安）、弥补行为和身体紧张（紧张的手指活动/四肢僵硬）。结果发现，幼儿内疚一般从 27 个月大时开始产生，普遍发生时间为 28 个月大时。

4—5 岁时，随着移情能力的发展和对他人内部状态觉知能力的产生，儿童能够理解他人的行为与要求，并且能够根据道德标准来认知自己和他人的关系，会因为自己对他人造成伤害（包括没有达到互惠）而感到内疚。此时的内疚发展还处于低级阶段，通常只在模糊的道德认知与对他人的移情二者结合的条件下产生。

当儿童 6—8 岁时，随着社会化的发展，他们开始产生真正的内疚感，并导致相应的补偿行为。

在 10—12 岁左右，随着自我意识水平的发展和道德水平的提高，儿童已具备维护道德标准的内在力量，一旦觉察到自己的行为与道德标准不符合，或有违自己的"理想自我"时，就会产生内疚。

（四）内疚的神经机制

近十年来，研究者开始利用功能性磁共振成像技术（fMRI）、事件相关电位（ERP）及正电子发射断层扫描技术（PET）对内疚的脑机制进行研究，发现内疚的脑区主要集中在与心理理论相同的脑区，如颞顶交界处、内侧前额皮层等，以及与情绪相关脑区，如脑岛。

在一个 fMRI 研究中[③]，根据行为者和受害者是自我或他人，采用情

[①] Hoffman M. L., *Empathy and Moral Development: Implications for Caring and Justice*, Cambridge, UK: Cambridge University Press, 2000.

[②] 杨丽珠、姜月、陶沙：《早期儿童自我意识情绪发生发展研究》，北京师范大学出版社 2014 年版。

[③] Kédia G., Berthoz S., Wessa M., et al., "An Agent Harms a Victim: a Functional Magnetic Resonance Imaging Study on Specific Moral Emotions", *Journal of Cognitive Neuroscience*, Vol. 20, 2008, pp. 1788–1798.

境模拟范式设置了对自我愤怒（我伤害了自己）、内疚（我伤害了他人）、对他人愤怒（他人伤害了我）、同情（他人伤害了他人）四种情境以及两种非情绪情境。结果发现，情绪条件减去非情绪条件时激活腹内侧前额皮层、左杏仁体、左楔前叶及左颞顶交界处；将内疚、对他人愤怒及同情分别与对自我愤怒条件比较时都激活双侧腹内侧前额皮层、双侧楔前叶及双侧颞顶交界处。研究者认为这些脑区的激活充分反映了个体内省的过程。

研究者还通过合作游戏诱发个体的真实人际内疚，实验中，让被试和一名匿名搭档进行点估计任务，如果被试或搭档中一人或两人估计错误，则都接受电击疼痛惩罚。研究发现如果搭档正确而被试自己错误导致二者受到惩罚，则被试产生内疚情绪，fMRI 结果则表明内疚条件明显激活背侧前扣带回和双侧脑岛[1]。

研究者还比较了对自己内疚和对他人内疚所激活的脑区差异[2]。实验中给被试呈现对自己内疚、对他人内疚及中性条件的三类情景句，要求被试想象自己处于句子描述的情景中，并评定该情景所引发自身内疚的程度。结果发现，对他人内疚条件比对自己内疚条件下激活了更多的腹侧前额皮层和背侧前额皮层。关于利他内疚研究的结果发现，与单纯的道义内疚（Deontological guilt）相比，利他内疚在背侧前额皮层有更强的激活，反映了心理理论、社会比较等认知过程的参与[3]。

二 羞耻（Shame）

（一）羞耻概述

羞耻是一种痛苦、沮丧、消极、无助的情绪体验，包含的成分非常复杂。多个研究者从不同的角度对羞耻的概念进行了界定，这些概念涉及羞耻产生的情境、意识水平、主观体验和行为反应等方面。其中研究

---

[1] Yu H., Hu J., Hu L. & Zhou X., "The Voice of Conscience: Neural Bases of Interpersonal Guilt and Compensation", *Social Cognitive and Affective Neuroscience*, Vol. 9, 2013, pp. 1150–1158.

[2] Morey R. A., McCarthy G., Selgrade E. S., et al., "Neural Systems for Guilt from Actions Affecting Self Versus Others", *Neuroimage*, Vol. 60, 2012, pp. 683–692.

[3] Basile B., Mancini F., Macaluso E., et al., "Deontological and Altruistic Guilt: Evidence for Distinct Neurobiological Substrates", *Human Brain Mapping*, Vol. 32, 2011, pp. 229–239.

者主要从社会性情绪角度、自我意识性情绪角度和精神分析学角度对其进行界定。

1. 作为社会性情绪的界定

代表人物 Izard 主要从行为结果角度对羞耻进行论述。他认为,无论在实际还是虚构的交往情境中,当个体的兴趣或愉快的情绪突然被打断时,或者个体突然意识到自己的行为不恰当时所产生的一种情绪体验,这时个体会产生强烈的自我意识和自我觉察能力。

Ferguson 和 Stegge[①] 提出,羞耻是"基于沮丧的、消极的或者无助的情绪,由与自我相关的令人厌恶的事件引发"。

2. 作为自我意识性情绪的界定

该界定方式最具代表性的是归因论的相关描述。Weiner[②] 将羞耻描述为个体把消极的行为结果归因于自身能力不足时产生的指向整体自我的痛苦体验。Lewis[③] 认为羞耻是一系列复杂认知活动的结果,是个体运用内化了的标准、规则、目标对情景和整体自我进行评价后产生的消极感受。Tangney[④] 认为羞耻是当个体的行为、品质与自身的道德标准不协调一致或相违背时,产生的一种非常强烈的、无能的消极情感体验。

3. 精神分析学派的界定

Freud 认为个体在社会交往的过程中,一旦觉察到自身的裸露或无能,就会产生羞耻感。在他看来,羞耻是一种重要的防御机制,它对个体的窥探行为和性冲动起到阻碍的作用,这种作用在青春期尤为明显。

总体来说,西方学者普遍认为,羞耻指个体在任务失败或暴露出缺点时所产生的消极体验。这时个体常感到绝望、渺小、无价值,通常表现为试图低头、眼神躲避,或躲避起来,甚至出现否认和批评他人等

[①] Ferguson T. J. & Stegge H., "Measuring Guilt in Children: A Rose by Any Other Name still Has Thorns", In J. Bybee (Ed.), *Guilt and children*, 1998, pp. 19 - 74.

[②] Weiner B., "Attribution, Emotion, and Action", In R. M. Sorrentino & E. T. Higgins (Eds.), *Handbook of Motivation and Cognition: Foundations of Social Behavior*, New York: Guilford Press, 1986, pp. 281 - 312.

[③] Levin S., "The Psychoanalysis of Shame", *The International Journal of Psycho-analysis*, Vol. 52, 1971, pp. 355 - 362.

[④] Tangney J. P., "Recent Advances in the Empirical Study of Shame and Guilt", *American Behavioral Scientist*, Vol. 38, 1995, pp. 1132 - 1145.

现象。

文化背景不同，对羞耻的界定也不相同。我国学者也对羞耻的概念进行了界定，钱铭怡[①]认为羞耻是一种指向整体自我的痛苦、沮丧的消极体验。林崇德等[②]认为羞耻是个体意识到自身或所属团体违反社会规范和道德行为时产生的自我谴责的情感体验。孟昭兰[③]认为个体意识到发生某种失误、自身行为的失败或自身行为对他人和群体造成伤害时产生的一种情绪体验。汪凤炎[④]认为羞耻是一个人由于自己言行的过失而产生的，表现为对自己违背内心的善恶、荣辱标准而产生的不光彩、不体面的心理，或因周围人的谴责而产生的自责心理。

近期，Gsusel 和 Leach（2011）[⑤]从"评价—情绪"两个维度定义了羞耻，阐释其行为动机，并提出理论模型（如图1—4所示）。该模型认为，广义的羞耻概念包含两种评价方式及其引发的三种情绪状态。具体来说，道德失范事件可以被评价为将受到他人谴责或自我概念受损，并且当被评价为自我概念受损时，可以被评价为整体自我受损，也可以被评价为特定自我受损。不同的评价会引发不同的情绪感受和行为动机。对道德失范事件做出将受到他人谴责的评价会引发被拒绝感和自我防御的行为倾向；做出整体自我概念受损的评价会引发自卑感，同样引发自我防御的行为倾向；做出特定自我概念受损的评价会引发羞耻感和自我促进行为倾向。

（二）羞耻的理论

1. 精神分析理论

精神分析理论主要强调羞耻发展过程中个体的内部作用。弗洛伊德认为羞耻涉及意识与无意识的冲突及性冲动的过分压抑，尤其是对暴露和偷窥欲的控制，他认为羞耻在性潜伏期（6—11岁）发展。Lansky 认为，弗洛伊德在理解羞耻功能上的贡献表现在以下两点：首先，羞耻被

---

① 钱铭怡：《大学生羞耻量表的修订》，《中国心理卫生杂志》2000年第14期。
② 林崇德、杨治良、黄希庭：《心理学大辞典》，上海教育出版社2003年版。
③ 孟昭兰：《情绪心理学》，北京大学出版社2005年版。
④ 汪凤炎：《论羞耻心的心理机制、特点与功能》，《江西教育科研》2006年第10期。
⑤ Gausel N. & Leach C. W., "Concern for Self-image and Social Image in the Management of Moral Failure: Rethinking Shame", *European Journal of Social Psychology*, Vol. 41, 2011, pp. 468–478.

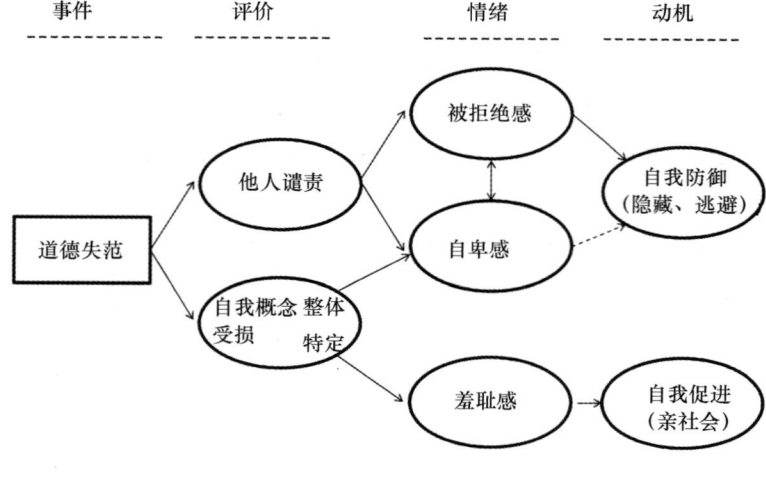

图 1—4 羞耻的理论模型

认为是一种防御背后的动机，和压抑有密切关系，即羞耻是一种起到警示作用的信号；其次，羞耻被看作是某种"心理大坝"，以适当的自我控制抵消渴望、冲动和驱力①。

由于弗洛伊德对羞耻的忽视，他忠实的追随者，尤其是经典驱力学派的学者，也未给予羞耻足够重视，仅将其视为某种本我—自我或本我—超我之间发生冲突的现象，一种对驱力的重要防御方式②。后期驱力学派已开始将羞耻和客体联系在一起。如 Levin 就指出羞耻和文化规则的关系，认为激发羞耻的是自我暴露、他人的拒绝或对自我暴露和他人拒绝的预期，因此能起到调控人际接触，保证个体不被客体拒绝的作用③。

在经典精神分析理论之后，客体关系学派和自体（Self）心理学学派更多地将羞耻置于自体和自恋（Narcissism）这一议题之下，并被认为是自体心理学中的核心情感，而且更多地和自恋性障碍的发展联系

---

① 高隽、钱铭怡：《羞耻情绪的两面性：功能与病理作用》，《中国心理卫生杂志》2009 年第 23 期。
② Kinston W., "A Theoretical Context for Shame", *The International Journal of Psycho-analysis*, Vol. 64, 1983, pp. 213 – 226.
③ Levin S., "The Psychoanalysis of Shame", *The International journal of Psycho-analysis*, Vol. 52, 1971, pp. 355 – 362.

在一起①。如在自体心理学背景下，Broucek 指出，当婴儿发现母亲无法满足自己的需求，从而认识到母亲是一个"他者"时，以及当婴儿发现自己无法控制环境，即丧失全能感时，都会产生如脸红、心跳加快、手足无措的行为表现。在 Broucek 看来，这即是一种原始的羞耻情绪。鉴于羞耻体验能促进个体意识到自己和他人的区别，故适度的羞耻体验会提高自体和客体的分化，从而促进个体化进程②。

有研究者进一步强调羞耻可先于言语发展（最早在 10—12 个月），认为在母婴交往中，当母亲忽视婴儿的需要而误解婴儿的意思时会使儿童感到羞耻，他认为不同的发展阶段儿童应该达到不同的目标才能安然地渡过危机，羞耻对于儿童进入一个自我发展阶段是必需的。此外，也有研究者认为原始状态的羞耻在儿童 2.5 个月时就已经产生了，这种羞耻产生于一种人际背景，通过自我和他人的区分促进自我意识的发展③。

2. 认知归因理论

该理论特别强调认知发展的作用，并认为主体对整体自我的消极认知导致了羞耻的产生。Lewis④ 提出了引发羞耻的三个关键条件：对规则的破坏、任务中的失败和不易弥补的缺陷，并且羞耻产生时还必须具备三个认知条件：自我意识或反思自我的能力；儿童将所习得的社会规则和标准内化，转化为自我行事的标准；对事件的归因是整体自我归因还是具体自我归因。由此可知，诱使羞耻产生的并不是当时的情境，而是主体对情境的感知评价。研究发现，简单任务的失败比困难任务的失败更容易让儿童感到羞耻，这证实了认知归因在羞耻产生中的作用，儿童的羞耻不仅由失败的结果引发，还由对标准的自我评价而引发⑤。

---

① Morrison A. P., "Shame, Ideal Self, and Narcissism", *Contemporary Psychoanalysis*, Vol. 19, 1983, pp. 295–318.

② Broucek F. J., "Shame and Its Relationship to Early Narcissistic Developments", *International Journal of Psychoanalysis*, Vol. 63, 1982, pp. 369–378.

③ 徐琴美、翟春艳：《羞愧研究综述》，《心理科学》2004 年第 27 期。

④ Lewis M., "The Self in Self-conscious Emotions", *Annals of the New York Academy of Sciences*, Vol. 818, 1997, pp. 119–142.

⑤ Lewis M., Alessandri S. M. & Sullivan M. W., "Differences in Shame and Pride as A Function of Children's Gender and Task Difficulty", *Child Development*, Vol. 63, 1992, pp. 630–638.

这一理论的另一贡献是描述了羞耻情绪体验的个体差异，即考察了特质性羞耻或羞耻易感性（Shame-proneness）。这一概念最早由 Lewis 提出，指的是在面对负性事件时，有些个体总是会体验到羞耻，这些个体被称为易羞耻个体。研究者考察了羞耻易感性与心理特质及心理症状的关系，总体发现，羞耻易感性和多种心理症状及障碍正相关。但也有学者认为羞耻易感性概念本身的界定存在问题，过度使用该概念而忽视特定情境下的羞耻体验可能会忽视羞耻在日常生活中所行使的功能[1][2]。

认知归因理论关注的是特定负性自我认知和羞耻情绪的关系，并提出羞耻情绪能确保个体服从规则和规范，但因为这种负性认知指向整个自我，所以会对个体的自尊造成重大影响，也更容易对心理健康水平造成负性后果。该理论的优势在于精细描述了认知和情绪的关系，并发展出了羞耻易感性这一便于测量的概念，因而在近 20 年来也有较多数量的实证研究验证和促进了该理论对羞耻的理解。但该理论仅关注了产生羞耻情绪的认知内容和过程，并没有关注羞耻情绪唤起之后个体的认知过程和内容上的差异；此外，它更多地从个体心理内部活动和机制的框架下来理解羞耻，因此可能忽略了羞耻情绪所具有的社会性。

3. 机能主义理论

机能主义理论是以达尔文的进化论为基础，强调情绪的适应功能。这种观点认为，情绪是个体为达到目标所进行的努力、修正过程。羞耻也是心理进化的产物，具有适应的作用。它使个体警惕危险环境，躲避恶劣情境（如被批评、嘲笑等），进而采取有效的防范措施[3]。羞耻的适应目标是通过学习社会规则以及对他人的尊重来赢得他人的喜爱。羞耻是社会性体验，因此对个体在社会交往中有内在的、人际和行为上的指导作用。羞耻的产生满足了人际交往中对他人尊重的需要。例如，损坏

---

[1] Leeming D. & Boyle M., "Shame as a Social Phenomenon: A Critical Analysis of the Concept of Dispositional Shame", *Psychology & Psychotherapy*, Vol. 77, 2011, pp. 375–396.

[2] Mills R., "Taking Stock of the Developmental Literature on Shame", *Developmental Review*, Vol. 25, 2005, pp. 26–63.

[3] Schoenleber M. & Berenbaum H., "Aversion and Proneness to Shame in Self-and Informant-reported Personality Disorder Symptoms", *Personality Disorders: Theory, Research, and Treatment*, Vol. 3, 2012, pp. 294–304.

别人的东西而表现出低头、退缩等，传递出对他人的重视以及顺从的信息。他人的不认同和消极评价最早引发儿童的羞耻感，随着儿童神经机制的成熟和发展，羞耻体验引导儿童开始关注自己的信念，进而促进儿童认知能力的精细发展，以及对社会规则的熟练把握。因此，羞耻和儿童自我是同步发展、相互促进的，使儿童对环境产生良好的适应①。

  Fessler②从进化和文化角度讨论了羞耻情绪在竞争和合作关系中的作用。他区分了两种羞耻形式，一种是更原始的羞耻，它是现代社会中羞耻情绪的原型，它的激活是由于个体处于从属地位，在认知上更简单，且不太易受文化的影响。Fessler认为，鉴于具有优势地位的个体更容易生存，这类羞耻的进化意义在于刺激竞争，从而获取更高的地位。另一种羞耻被称为"遵规守纪者"的羞耻，它的激活是因为个体没有遵守某些社会文化行为准则。这种羞耻是一种社会监控机制和动机系统，增进个体遵从重要的社会文化准则，从而保障个体能在他人眼中建立更好的声望和"良好合作伙伴"的形象，同时也更好地判断他人是否是值得信赖的合作对象。支持两种羞耻形式的论据来源于比较心理学，即人类个体羞耻时的表现，如转移视线、低头、蜷缩身体等和许多灵长目动物表现出的服从姿态类似。另一类论据来自Fessler对羞耻诱发事件的文本分析和跨文化比较的结果。在281名美国人和305名马来西亚人的羞耻事件中，他发现，羞耻诱发事件主要分为两种，分别对应两种形式的羞耻：一是大约各有一半的美国人和马来西亚人会因为没能服从特定文化对某种行为设定的标准，且意识到其他人也知晓了自己的行为失误而感到羞耻；二是因为个体在社会等级系统中具有较低的位置，即在社会地位和声望的竞争中失败，这种羞耻在东亚文化中似乎更为多见（6%：12.8%）。此外，Fessler还对不同文化中羞耻的同义词进行了语义谱图分析，发现在非西方文化中，羞耻更多和服从、尊敬、羞涩等词

---

  ① 竭婧、杨丽珠：《三种羞耻感发展理论述评》，《辽宁师范大学学报》（社会科学版）2009年第32期。

  ② Fessler D. M. T., "From Appeasement to Conformity: Evolutionary and Cultural Perspectives on Shame, Competition, and Cooperation", In *The Self-Conscious Emotions: Theory and Research*, Tracy J. L., Robins R. W. & Tangney J. P., Eds., New York: The Guilford Press, 2007, pp. 174–193.

相联系。

　　另一用社会生物进化视角来阐述羞耻功能的重要理论是 Gilbert 的生物—心理—社会理论，其主要观点是，视羞耻为一种提示人际关系是否稳定的信号①。他认为，羞耻的进化根源是一种以自我为中心的社会威胁体系，和竞争行为以及证明自己被他人接受、为他人所喜爱的需要相关。羞耻是一种警报信号，提醒个体在别人眼中的形象是负面的，从而可能遭到对方的抛弃、孤立甚至迫害。Gilbert 认为，他人对自己的积极印象有重要的进化学意义，不仅会让他人更愿意和个体形成具有进化适应意义的角色配对（如朋友或配偶关系），还能增加个体所处环境的安全性。他用依恋理论的观察和研究作为自己观点的支持：如婴儿能识别照顾者的面部表情信号，并做出反应。照顾者负性的面部表情会成为一种威胁婴儿安全感的信号，从而让婴儿出现退缩和焦虑的反应，这种反应很可能就是羞耻情绪的原型，这至少表明人类从出生就已具备表征自己在他人头脑中印象的能力。另外，他也引证了一些研究，如与社会评价有关的情绪反应（包括羞耻在内）会引发特定的神经递质（如催产素）或激素（如皮质醇）的释放，以此来证明进化的压力会迫使个体寻求在他人头脑中创造积极的形象，且这种动机系统也具备了相应的生理和脑神经基础。Gilbert 据此提出，进化过程让人类产生了一种特定的机制——"维持社会性关注的潜能"（social attention holding potential, SAHP），以此来监控自己对他人的吸引力。这一机制会产生两种评估，分别对应两种羞耻类型：（1）我觉得（或我体验到）别人会怎么评价我；（2）我自己是怎么看待作为社会一分子的自己的。在前一种评估中，个体关注的是他人眼中的自己，因此会产生"外部羞耻"；第二种评估则会导致内化羞耻，个体注意力指向的是自我内部，和个体的记忆（如过去的羞耻体验）更为相关。Gilbert 认为，这两种羞耻是不同的体验，尽管会有重叠，但仍具有不同的注意、调控和加工过程。在社会生物进化理论的框架下，不同学者都强调了羞耻社会性的一面，即羞耻体验（或为了避免体验到羞耻）会驱动个体遵从社会文化规范，或做出一些亲社会行为，从而让

---

① Gilbert P., "Evolution, Social Roles, and the Differences in Shame and Guilt", *Social Research*, Vol. 70, 2003, pp. 1205 – 1230.

其所在的群体（或重要他人）接受和认可自己。但这些理论假设往往难以使用控制严格的实验研究来验证。

4. 客体关系/依恋理论

该理论认为，羞耻产生于积极、愉快的情感之后，目的是抑制持续的欢乐和乐趣，改变个体的行为，即让个体意识到自己的行为可能不会被他人接受和喜欢，进而避免这种状况的发生。有研究者通过"冷面"实验发现，2.5—3个月的婴儿便已产生了原始的羞耻体验。但是也有研究认为婴儿几乎没有羞耻的表现，大多数婴儿产生的只是悲伤和愤怒[1]。此外，研究者指出，照顾者对婴幼儿情绪状态有一定的调节作用，认为羞耻不受言语的限制，可以先于言语发展，如当照料者没有及时觉察到孩子的需要或者误解了孩子的意愿时，孩子就会有羞耻的表现。客体关系/依恋理论过于强调社会关系的作用，却忽略了个体的主观能动性和其他社会因素的影响。

（三）羞耻与内疚的差异

很长一段时间里，人们认为羞耻与内疚是相似甚至相同的两种情绪，近年来，越来越多的学者开始关注二者的差异。现将国内外的相关研究总结如下：

1. "自我与行为"假设

"自我与行为"假设由 Lewis[2] 提出，他认为，内疚和羞耻的差异与两者不恰当行为发生后的评价焦点不同有关。羞耻体验的产生是由于个体将评价焦点指向自我，因感觉自我是"坏自我"而产生羞耻感；而内疚体验的产生是由于个体将评价焦点指向行为，因感觉自己做了"坏事"而产生内疚感。该理论得到了 Tangney[3] 等研究者的支持。钱铭怡、刘兴华和朱荣春对大学生羞耻感的现象学研究发现，羞耻感的现象学表现符

---

[1] Weinberg M. K. & Tronick E. Z. , "Infant Affective Reactions to the Resumption of Maternal Interaction After the Still-face", *Child Development*, Vol. 67, 1996, pp. 905–914.

[2] Lewis H. B. , *Shame and Guilt in Neurosis*, New York: International Universities Press, 1971.

[3] Tangney J. P. , "Perfectionism and the Self-conscious Emotions: Shame, Guilt, Embarrassment, and Pride", In G. L. Flett & P. L. Hewitt (Eds.), *Perfectionism: Theory, Research, and Treatment*, Washington, D. C. , US: American Psychological Association, 2002, pp. 199–215.

合"自我取向"理论,高羞耻个体倾向于更强烈的自我否定①。但杨玲与樊召锋②,高学德与周爱保③的研究表明,内疚和羞耻的评价焦点在自我和行为维度上没有显著差异。

2."公开化与私人化"假设

社会心理学家 Mead④ 和 Benedict⑤ 提出,内疚更多是与内在的道德要求有关,它代表着自我的良心受到冲击后产生的更私人化的体验,因此内疚产生于无他人在场的情境中,而羞耻的产生则是由于个体意识到自己的不恰当行为暴露于他人面前,并不为他人所赞同而产生的体验,因此羞耻产生于公开化的情境中。谢波、钱铭怡⑥和杨玲、樊召锋的研究也支持该理论。但谢波和钱铭怡的研究还发现,17.1%的被试在没人在场的情境中体验到羞耻,而61.5%的被试在有人在场的情境中体验到内疚。

3."伤害自我与伤害他人"假设

该假设认为,内疚与羞耻的差异在于受伤害对象的不同,个体之所以感到内疚是因为意识到自己的言行伤害了他人,而羞耻体验是由于个体感觉自己受到了伤害引起的⑦。谢波对中国大学生内疚和羞耻的故事进行分析,发现二者存在"伤害他人/伤害自我"的差异,当被试回忆内疚事件时,更多地意识到自己的言行"伤害了他人",而回忆羞耻事件时,则更多地觉得"自己受到了伤害"。该假设得到了钱铭怡、戚健俐⑧和杨玲、樊召锋⑨研究的验证。

---

① 钱铭怡、刘兴华、朱荣春:《大学生羞耻感的现象学研究》,《中国心理卫生杂志》2001年第15期。
② 杨玲、樊召锋:《中学生内疚与羞耻差异的对比研究》,《中国心理卫生杂志》2008年第22期。
③ 高学德、周爱保:《内疚和羞耻的关系——来自反事实思维的验证》,《心理科学》2009年第32期。
④ Mead G. H., *Mind, Self and Society*, University of Chicago Press: Chicago, 1934.
⑤ Benedict R., *The Chrysanthemum and the Sword: Patterns of Japanese Culture*, Boston: Houghton Mifflin, 1946.
⑥ 谢波、钱铭怡:《中国大学生羞耻和内疚之现象学差异》,《心理学报》2000年第32期。
⑦ 谢波:《中国大学生的羞耻和内疚的差异》,北京大学博士论文,1998年。
⑧ 钱铭怡、戚健俐:《大学生羞耻和内疚差异的对比研究》,《心理学报》2002年第34期。
⑨ 杨玲、樊召锋:《中学生内疚与羞耻差异的对比研究》,《中国心理卫生杂志》2008年第22期。

还有研究者提出内疚和羞耻存在"个人无责任/个人有责任"的差异,当个体意识到自己应该为自己的不恰当行为负责时,往往产生内疚的体验,而感到羞耻的个体并不认为他们应对此负有责任。谢波和钱铭怡①的研究支持该假设。但 Hong 和 Chiu 对该假设提出了质疑,他们的研究中有 90.03% 的羞耻组被试和 98.76% 的内疚组被试认为自己对事件负有责任②。

Tangney 提出内疚和羞耻存在个人无能与违背道德的差异。当个体感觉自己的行为违反了道德准则或道德行为时,会感到内疚;而当个体感觉自我不如他人或无能时,会感到羞耻③。但钱铭怡和戚健俐的研究结果则显示内疚和羞耻在该方面不存在显著差异。

研究者通过自我报告法考察内疚和羞耻诱发事件的差异,要求被试描述自己所经历过的内疚和羞耻事件,随后对被试所描述的事件进行分析,发现诱发内疚和羞耻的事件存在特异性,但也有一些事件能够同时诱发内疚和羞耻。

还有研究者认为二者在归因方面存在差异。Weiner④ 提出的归因理论就认为内疚和羞耻在归因的可控性方面存在差异。羞耻的产生是由于内在不可控的因素,比如能力不足、形象不好等;内疚则是内在可控的因素,比如努力不够等。但是也有研究者认为其差异存在于内外归因上,内疚倾向于内归因,而羞耻倾向于外归因⑤。

(四) 羞耻的发生发展

目前,有关儿童羞耻的发生发展研究一般都是从 2 岁开始。研究者对 24—60 个月大的儿童进行的研究结果表明,在失败情境下,儿童出现了两种羞耻反应,包括与过程有关的反应(如叹气、寻求帮助等)和与

---

① 谢波、钱铭怡:《中国大学生羞耻和内疚之现象学差异》,《心理学报》2000 年第 32 期。

② Hong Y. Y. & Chiu C. Y., "A Study of the Comparative Structure of Guilt and Shame in a Chinese Society", *The Journal of Psychology*, Vol. 126, 1992, pp. 171 – 179.

③ Tangney J. P., "Recent Advances in the Empirical Study of Shame and Guilt", *American Behavioral Scientist*, Vol. 38, 1995, pp. 1132 – 1145.

④ Weiner B., *Theories of Motivation: From Mechanism to Cognition*, Oxford, England: Markham, 1972.

⑤ 樊召锋、俞国良:《自尊、归因方式与内疚和羞耻的关系研究》,《心理学探新》2008 年第 28 期。

结果有关的反应（如回避）。42个月以下的儿童极少出现回避现象，其他各种反应并无年龄差异①。Fung采用纵向自然观察和访谈的方法对9个来自中产阶级家庭的2.5岁儿童进行了追踪研究，以6个月为时间间隔，追踪至4岁，结果发现羞耻的社会性在2.5岁时已开始发展②。竭婧采用自然观察法，通过情境实验对儿童羞耻的发生进行了研究，发现羞耻产生于38个月大左右③。研究者对33—37个月大儿童的研究发现，至少60%的孩子在任务失败后30秒内有羞耻表现。同时发现，简单任务失败比困难任务失败后引发更强烈的羞耻反应④。

不同年龄幼儿羞耻理解的发展也不同。竭婧和杨丽珠以小学生为被试，采用情境故事法对儿童的羞耻理解进行了研究，发现10—12岁儿童都能够理解羞耻，只是不同年龄儿童的理解程度不同。在情绪归因中发现，10—12岁儿童多是对个人行为的暴露、公开而产生的沮丧体验⑤。张琛琛对小学生羞耻理解力进行了分析，发现小学生的羞耻理解能力总体呈上升趋势，并在2—3年级时有一个快速发展时期⑥。

儿童羞耻的发生发展也存在性别差异。研究者对3岁儿童在失败任务上的羞耻表现进行了研究，结果表明，相比于男孩，女孩表现出了更大程度的羞耻，特别是在简单任务失败时①。另有研究者发现父母消极的反馈会激发女孩消极的自我评价，有可能促使女孩体验到羞耻⑦。另有研究者对3—4岁、5—7岁和7—9岁儿童进行了追踪研究，发现3—4岁儿童没有性别差异，5—7岁女孩比男孩显示出更大程度的羞耻，7—9岁女

---

① Stipek D., Recchia S., McClintic S. & Lewis, M., "Self-evaluation in Young Children", *Monographs of the Society for Research in Child Development*, Vol. 57, 1992, pp. i – 95.

② Fung H., "Becoming a Moral Child: The Socialization of Shame Among Young Chinese Children", *Ethos*, Vol. 27, 1999, pp. 180 – 209.

③ 竭婧：《幼儿羞耻感发展特点及其相关影响因素研究》，辽宁师范大学博士论文，2008年。

④ Lewis M., Alessandri S. M. & Sullivan M. W., "Differences in Shame and Pride as a Function of Children's Gender and Task Difficulty", *Child Development*, Vol. 63, 1992, pp. 630 – 638.

⑤ 竭婧、杨丽珠：《10—12岁儿童羞愧感理解的特点》，《辽宁师范大学学报》（社会科学版）2006年第29期。

⑥ 张琛琛：《小学儿童羞耻情绪理解能力的发展及羞耻情绪对其合作行为的影响》，苏州大学博士论文，2010年。

⑦ Alessandri S. M. & Lewis M., "Parental Evaluation and Its Relation to Shame and Pride in Young Children", *Sex Roles*, Vol. 29, 1993, pp. 335 – 343.

孩羞耻倾向得分也显著高于男孩①。

（五）羞耻的神经机制

有关羞耻的神经科学研究发现，当被试阅读引发羞耻的句子时，额叶（额中回、额下回）和颞叶（前扣带回、海马旁回）会有较高水平的激活②。有研究者对羞耻和皮质醇的关系进行了研究，结果发现当任务失败引发儿童羞耻时，皮质醇水平增加③。尴尬通常被视为程度较轻的羞耻，Takahashi 等发现，被试阅读引发尴尬的句子时，右颞叶皮层和海马的激活水平较高④。研究者采用 sMRI 技术研究发现，较高的特质羞耻倾向与较薄的扣带回后部和较小的杏仁核体积相关⑤。

三 尴尬（Embarrassment）

（一）尴尬概述

当自我关注指向公共自我时尴尬才会出现，此时激活与公共自我一致的自我表征。也就是说，个体会因为内部的、稳定的、不可控的、整体的公共自我方面的事件而感到尴尬；或者是因为内部的、不稳定的、可控的、特定的公共自我方面的事件而感到尴尬。需要注意的是，尴尬是否可能发生，关键在于公共自我是否被激活，而不是这个行为是否在公共场合发生。相比内疚和羞耻，尴尬依赖认知更少。研究发现，低自尊的个体在社交过程中报告更多的尴尬体验，且具备更高水平的尴尬易感性。不同人格的个体对尴尬的体验不同。研究发现，在社交情境中高

---

① Rosemary S. L., Arbeau K. A., Lall D. I. & De Jaeger A. E., "Parenting and Child Characteristics in the Prediction of Shame in Early and Middle Childhood", *Merrill-Palmer Quarterly*, Vol. 56, 2010, pp. 500 – 528.

② Michl P., Meindl T., Meister F., et al., "Neurobiological Underpinnings of Shame and Guilt: A Pilot Fmri Study", *Social Cognitive and Affective Neuroscience*, Vol. 9, 2014, pp. 150 – 157.

③ Mills R. S., Imm G. P., Walling B. R. & Weiler H. A., "Cortisol Reactivity and Regulation Associated with Shame Responding in Early Childhood", *Developmental Psychology*, Vol. 44, 2008, pp. 1369 – 1380.

④ Takahashi H., Yahata N., Koeda M., et al., "Brain Activation Associated with Evaluative Processes of Guilt and Embarrassment: An fMRI Study", *Neuroimage*, Vol. 23, 2004, pp. 967 – 974.

⑤ Whittle S., Liu K., Bastin C., et al., "Neurodevelopmental Correlates of Proneness to Guilt and Shame in Adolescence and Early Adulthood", *Developmental Cognitive Neuroscience*, Vol. 19, 2016, pp. 51 – 57.

完美主义者体验到更高水平的尴尬①②。还有研究发现，完美主义人格对尴尬有显著的预测作用③。

目前对尴尬还缺乏明确一致的定义，大多数研究者从自己的研究角度出发对其进行定义。

Goffman 认为尴尬不是违反社会规范的非理性冲动，而是遵从社会规则的一种行为表现④。

Modigliani 认为尴尬是由于个体认为自己在他人面前表现得不适当而产生的不舒服的情绪体验⑤。

Sharkey 和 Singelis 将尴尬定义为，因为意外事件而导致个体表现不符合理想自我时所产生的一种短暂性的懊恼、不安的情绪或心理反应⑥。

Miller 认为尴尬是个体在意想不到的社会窘境中所产生的一种羞耻、懊恼的厌恶情绪；又将尴尬描述为当个体经历的事件会增加自己遭受他人评价的概率时，个体会产生一种慌乱、笨拙、懊恼、窘迫的急性状态，这种评价既可以来源于真实的观众，也可以来源于自己想象中的观众。他认为尴尬时个体会感到受愚弄和自嘲，而不是更深层的自责情绪⑦⑧。

---

① Sagar S. S. & Stoeber J., "Perfectionism, Fear of Failure, and Affective Responses to Success and Failure: The Central Role of Fear of Experiencing Shame and Embarrassment", *Journal of Sport and Exercise Psychology*, Vol. 31, 2009, pp. 602 – 627.

② Stoeber J., Kobori O. & Tanno Y., "Perfectionism and Self-conscious Emotions in British and Japanese Students: Predicting Pride and Embarrassment After Success and Failure", *European Journal of Personality*, Vol. 27, 2013, pp. 59 – 70.

③ Maltby J. & Day L., "The Reliability and Validity of a Susceptibility to Embarrassment Scale Among Adults", *Personality and Individual Differences*, Vol. 29, 2000, pp. 749 – 756.

④ Goffman E., "Embarrassment and Social Organization", *American Journal of Sociology*, Vol. 62, 1956, pp. 264 – 271.

⑤ Modigliani A., "Embarrassment, Facework, and Eye Contact: Testing a Theory of Embarrassment", *Journal of Personality and social Psychology*, Vol. 17, 1971, pp. 15 – 24.

⑥ Sharkey W. F. & Singelis T. M., "Embarrassability and Self-construal: A Theoretical Integration", *Personality and Individual Differences*, Vol. 19, 1995, pp. 919 – 926.

⑦ Miller R. S., "On the nature of Embarrassabllity: Shyness, Social Evaluation, and Social Skill", *Journal of Personality*, Vol. 63, 1995, pp. 315 – 339.

⑧ Miller R. S., "On the Primacy of Embarrassment in Social Life", *Psychological Inquiry*, Vol. 12, 2001, pp. 30 – 33.

Higuchi 和 Fukada 将尴尬定义为对突发的或出乎意料的社交处境做出的情绪反应①。

Kalat 和 Shiota 认为尴尬是指一个人违反了某种社会习俗，从而引来出乎意料的社会性注意时所感到的情绪。这种情绪促使人表现出恭顺的、友好的行为，以此取悦他人②。

杨丽珠、姜月和陶沙通过总结以往研究者所作出的定义，认为尴尬必须产生于有规则的社会环境中，并且个体能够理解这些规则。当个体违反社会规则时，他人的反馈和个体的自我觉察会唤醒尴尬，产生尴尬的外显行为，而这些外显行为会被旁观者观察到。因而违背规则和旁观者在场是尴尬产生所必需的两个因素③。

尴尬通常被视为程度较轻的羞耻④，fMRI 研究并未发现两者脑区激活的差异⑤。Takahashi 等对尴尬和内疚情绪启动下脑区激活的异同进行研究，结果发现被试阅读尴尬和内疚情绪启动的句子时，内侧前额叶皮层、左后颞上沟和视觉皮层均有显著激活。此外，尴尬情绪在右颞叶皮层和海马的激活水平显著高于内疚情绪⑥。

（二）尴尬的理论

有关尴尬的经典理论模型主要有：自尊丧失模型（the loss of self-esteem model）、社会评价模型（the social evaluation model）、个人标准模型（the personal standard model）、戏剧模型（the dramaturgic model）、违背他人期望模型（the transgression of others' expectations model）、关注中心模型（the center of attention model）和非意愿显露模型（unwanted exposure mod-

---

① Higuchi M. & Fukada H., "A Comparison of Four Causal Factors of Embarrassment in Public and Private Situations", *The Journal of Psychology*, Vol. 136, 2002, pp. 399–406.

② Kalat J. W. & Shiota M. N., *Emotion* (RL Zhou, Trans.), 2009.

③ 杨丽珠、姜月、陶沙：《早期儿童自我意识情绪发生发展研究》，北京师范大学出版社2014年版。

④ Lewis M., Takai-Kawakami K., Kawakami K. & Sullivan M. W., "Cultural Differences in Emotional Responses to Success and Failure", *International Journal of Behavioral Development*, Vol. 34, 2010, pp. 53–61.

⑤ Michl P., Meindl T., Meister F., et al., "Neurobiological Underpinnings of Shame and Guilt: a Pilot Fmri Study", *Social Cognitive and Affective Neuroscience*, Vol. 9, 2014, pp. 150–157.

⑥ Takahashi H., Yahata N., Koeda M., et al., "Brain Activation Associated with Evaluative Processes of Guilt and Embarrassment: An fMRI Study", *Neuroimage*, Vol. 23, 2004, pp. 967–974.

el of embarrassment)。

1. 自尊丧失模型

该模型认为，当个体在某种情境下，通过揣测他人对自己的评价，认为自己不如他人，导致尊严受到打击的时候，就会产生尴尬。尴尬是个体丧失自尊时的瞬时状态，并对自我感到失望。这里的自尊是指他人对个体自身价值的评定，发生在公共场合中[1][2][3]。但是，个体有时得到正性评价也会感到尴尬。

2. 社会评价模型

该模型比自尊丧失模型更加综合化，认为尴尬较少来自评价的差异，而更多地依赖于评价者是谁。如果个体受到预料之外他人的评价，无论积极或消极评价，都会使个体产生尴尬，并且该模型强调旁观者在诱发个体尴尬中所起的作用[4]。

3. 个人标准模型

该模型认为，个体并不能完全知晓他人是如何评价自己的，所谓旁观者评价都是通过个体自己的想象和预测进行的解释。个体关心的是自己在社会情境中的表现是否符合理想的社会自我。当二者出现偏差时就会感到尴尬。其衡量标准依从于自我评价，而非普遍性的规则[5]。

4. 戏剧模型

戏剧模型理论认为，社会生活就像是舞台表演，但个体并不总是扮演某一角色。社会角色的混乱使得个体无法按照以往的社会角色图示进行活动，导致正常社会交往关系被破坏，从而引发尴尬。

5. 违背他人期望模型

该模型认为，当个体的表现已经违背或有可能违背他人的期望时，个体会理解或预期他人所产生的消极评价，由此导致尴尬。该理论模型

---

[1] Edelmann R. J., *The Psychology of Embarrassment*, John Wiley & Sons, 1987.

[2] Modigliani A., "Embarrassment and Embarrassability", *Sociometry*, 1968, pp. 313 – 326.

[3] Modigliani A., "Embarrassment, Facework, and Eye Contact: Testing a Theory of Embarrassment", *Journal of Personality and Social Psychology*, Vol. 17, 1971, pp. 15 – 24.

[4] Manstead A. S. & Semin G. R., "Social Transgressions, Social Perspectives, and Social Emotionality", *Motivation and Emotion*, Vol. 5, 1981, pp. 249 – 261.

[5] Babcock M. K., "Embarrassment: A Window on the Self", *Journal for the Theory of Social Behaviour*, Vol. 18, 1988, pp. 459 – 483.

与社会评价模型都强调他人评价对于尴尬产生的作用。该模型认为，个体不确定他人对自己的行为存在何种预期，这种不确定性导致尴尬产生①②。例如，受到表扬的个体并不仅仅由于这个积极评价感到尴尬，尴尬还可能来自他并不确定人们期望他对这个积极评价如何反应。

6. 关注中心模型

关注中心模型认为，只有当个体成为他人关注的焦点时才会产生尴尬，即便此时个体没有丧失自尊或违背他人期望。但是，该模型的解释力较弱，因为它不能解释为什么有些人期望成为关注的中心③。

7. 非意愿显露模型

该模型认为，当个体违背自己的意愿而被迫接受一种公开的显露时就会产生尴尬。尴尬产生时个体受到了别人评价性的审视，而这种评价性的审视并不是个体想要的。研究者认为模型提取了尴尬体验的核心内容：个体想要隐藏的东西被揭露④。该模型能够很好地从整体上对尴尬现象进行解释。

Higuchi 指出，这些模型相互联系而非彼此独立，不同的模型适用于不同的情境⑤⑥。以日本大学生为被试进行的研究发现，在公共场合中，社会评价模型可以更好地解释社会交往中出现的尴尬现象；而在私人场合中，自尊丧失模型和个人标准模型具有更高的解释力⑦。需要指出的是，上述结果对日本被试可能适用，但对其他文化未必适用，例如美国

---

① Higuchi M. & Fukada H., "A Comparison of Four Causal Factors of Embarrassment in Public and Private Situations", *The Journal of Psychology*, Vol. 136, 2002, pp. 399 – 406.

② Robbins B. D. & Parlavecchio H., "The Unwanted Exposure of the Self: A Phenomenological Study of Embarrassment", *The Humanistic Psychologist*, Vol. 34, 2006, pp. 321 – 345.

③ Sabini J., Siepmann M., Stein J. & Meyerowitz M., "Who is Embarrassed by What?", *Cognition & emotion*, Vol. 14, 2000, pp. 213 – 240.

④ Robbins B. D. & Parlavecchio H., "The Unwanted Exposure of the Self: A Phenomenological Study of Embarrassment", *The Humanistic Psychologist*, Vol. 34, 2006, pp. 321 – 345.

⑤ Higuchi M., "A Study on the Structure of Shame", *Japanese Journal of Social Psychology*, Vol. 16, 2000, pp. 103 – 113.

⑥ Higuchi M., "The Mediating Mechanism of Embarrassment in Public and Private Situations: An Approach from the Groups of Emotions of Embarrassment and Their Causal Factors", *The Japanese Journal of Research on Emotions*, Vol. 7, 2001, pp. 61 – 73.

⑦ Higuchi M. & Fukada H., "A Comparison of Four Causal Factors of Embarrassment in Public and Private Situations", *The Journal of Psychology*, Vol. 136, 2002, pp. 399 – 406.

和欧洲文化。另有研究发现，自尊丧失模型和个人标准模型更好地解释了失礼情境（faux pas situation）下的尴尬，而社会评价模型和/或违背他人期望模型更好地解释了棘手情境（sticky situation）下的尴尬[1]。

（三）尴尬的发生发展

Lewis 指出，尴尬伴随着自我认知的发生而发生，最早于 18—24 个月大时产生。其中又将尴尬分为两种不同的形式，即显露尴尬和评价尴尬。显露尴尬只是一种单纯暴露和引人注目时产生的情绪，发生时间为 1.5—2 岁；评价尴尬是由社会评价而导致的慌乱、窘迫的情绪，发生时间为 2.5—3 岁[2]。研究者对 44 名 22 个月大的婴儿进行测查，结果发现有 52%的被试至少在一种情境中（照镜子、被要求跳舞、恭维）产生尴尬；35 个月大时再次对部分儿童进行测查，发现产生尴尬的人数显著增加[3]。另有研究发现 4 岁儿童在面对他人表扬、任务成功和失败时都会产生尴尬[4]；4—5 岁的儿童能够识别和理解尴尬，到 8—9 岁时能够用恰当的言语表达出来[5]。研究同样表明 5 岁儿童已处于成熟尴尬期，他们能够在旁观者没有情绪反馈的情况下体验到尴尬，他们还发现 8 岁左右儿童能比较成熟地理解尴尬并进行合理归因[6]。

此外，儿童尴尬的发生发展还存在性别差异。研究发现 2 岁女孩比男孩表现出更大程度的尴尬，但 3 岁时无性别差异[7]。但另有研究发现，

---

[1] Sabini J., Siepmann M., Stein J. & Meyerowitz M., "Who Is Embarrassed by What?", *Cognition & Emotion*, Vol. 14, 2000, pp. 213 – 240.

[2] Lewis M., "The Self in Self-conscious Emotions", *Annals of the New York Academy of Sciences*, Vol. 818, 1997, pp. 119 – 142.

[3] Lewis M., Stanger C., Sullivan M. W. & Barone P., "Changes in Embarrassment as a Function of Age, Sex and Situation", *British Journal of Developmental Psychology*, Vol. 9, 1991, pp. 485 – 492.

[4] Lewis M. & Ramsay D., "Cortisol Response to Embarrassment and Shame", *Child Development*, Vol. 73, 2002, pp. 1034 – 1045.

[5] Buss A. H., Iscoe I. & Buss E. H., "The Development of Embarrassment", *The Journal of Psychology: Interdisciplinary and Applied*, Vol. 103, 1979, pp. 227 – 230.

[6] Colonnesi C., Engelhard I. M. & Bögels S. M., "Development in Children's Attribution of Embarrassment and the Relationship with Theory of Mind and Shyness", *Cognition and Emotion*, Vol. 24, 2010, pp. 514 – 521.

[7] Lewis M., Stanger C., Sullivan M. W. & Barone P., "Changes in Embarrassment as a Function of Age, Sex and Situation", *British Journal of Developmental Psychology*, Vol. 9, 1991, pp. 485 – 492.

从 5 岁开始大多数儿童都产生了尴尬,并不存在显著的性别差异[6]。在对成人尴尬的性别特点研究方面,通常认可 Gould（1987）指出的,女性比男性更在意自己在公共场合的表现,年轻女性表现得尤为明显[1],因此,女性更容易感到尴尬[2]。

儿童尴尬的发展具有跨文化一致性。在对伊朗儿童（5—13 岁）和日本儿童（2 年级、4 年级、6 年级）的跨文化比较研究发现,两种文化下都有两种形式的尴尬,即不受欢迎的公共行为尴尬和不期望的社交暴露,并可进一步分为四小类：失败的公共形象、被注视、身体暴露和被批评[3]。

（四）尴尬的神经机制

目前共有六篇研究采用 fMRI 技术对尴尬的神经机制进行探讨,五篇采用健康被试[4][5][6][7][8],一篇采用高功能自闭症患者[9]。

与中性条件相比,尴尬条件更多地激活背外侧前额皮层、腹外侧前

---

[1] Gould S. J., "Gender Differences in Advertising Response and Self-consciousness Variables", *Sex Roles*, Vol. 16, 1987, pp. 215 – 225.

[2] Neto F., "Correlates of Portuguese College Students' Shyness and Sociability", *Psychological Reports*, Vol. 78, 1996, pp. 79 – 82.

[3] Hashimoto E. & Shimizu T., "A Cross-cultural Study of the Emotion of Shame/Embarrassment: Iranian and Japanese Children", *Psychologia: An International Journal of Psychology in the Orient*, Vol. 31, 1988, pp. 1 – 6.

[4] Finger E. C., Marsh A. A., Kamel N., et al., "Caught in the Act: the Impact of Audience on the Neural Response to Morally and Socially Inappropriate Behavior", *Neuroimage*, Vol. 33, 2006, pp. 414 – 421.

[5] Moll J., De O. R., Garrido G. J., et al., "The Self as a Moral Agent: Linking the Neural Bases of Social Agency and Moral Sensitivity", *Social Neuroscience*, Vol. 2, 2007, pp. 336 – 352.

[6] Morita T., Itakura S., Saito D. N., et al., "The Role of the Right Prefrontal Cortex in Self-evaluation of the Face: A Functional Magnetic Resonance Imaging Study", *Journal of Cognitive Neuroscience*, Vol. 20, 2008, pp. 342 – 355.

[7] Morita T., Tanabe H. C., Sasaki A. T., et al., "The Anterior Insular and Anterior Cingulate Cortices in Emotional Processing for Self-face Recognition", *Social Cognitive and Affective Neuroscience*, Vol. 9, 2014, pp. 570 – 579.

[8] Takahashi H., Yahata N., Koeda M., et al., "Brain Activation Associated with Evaluative Processes of Guilt and Embarrassment: An fMRI Study", *Neuroimage*, Vol. 23, 2004, pp. 967 – 974.

[9] Morita T., Kosaka H., Saito D. N., et al., "Emotional Responses Associated with Self-face Processing in Individuals with Autism Spectrum Disorders: An Fmri Study", *Social Neuroscience*, Vol. 7, 2012, pp. 223 – 239.

额皮层、背侧扣带回、颞前部、后颞上沟和颞顶联合处[5][8]。另外，研究还发现了左侧海马和视觉区域（距状皮层和舌回）的激活[8]。

研究者采用元分析的方法系统总结了当前探讨内疚、羞耻和尴尬神经机制的21项研究。尽管研究手段不同（功能核磁共振、结构核磁共振和正电子发射断层扫描），实验方法各异，但研究仍然发现了与这些情绪相关的共同及特定脑区。元分析结果显示，羞耻更多地与背侧前额皮层、后扣带回和感觉运动区域的激活相关。尴尬更多地与腹外侧前额皮层和杏仁核的激活相关。内疚更多的与腹侧扣带回、后颞区和楔前叶的激活相关[1]。

四 自豪（Pride）

（一）自豪概述

自豪是长期被忽视的正性道德情绪，但它普遍存在于我们的生活之中[2][3]。

Weiner在成就动机和情绪的归因理论模型中提出，自豪是将积极的结果与自我联系时所产生的体验[4]。

Shorr和McClelland认为，自豪是当个体知觉到自己的行为结果满足了内化的标准或目标，由此对自我进行积极评价时的快乐体验[5]。

Weiss、Suckow和Cropanzano认为自豪是当个体在面临困难或困境时，能够继续努力并取得成功时产生的情绪体验[6]。

Kornilaki和Chlouverakis认为，自豪是当个体认识到由于他（她）自

---

① Bastin C., Harrison B. J., Davey C., et al., "Feelings of Shame, Embarrassment and Guilt and Their Neural Correlates: A Systematic Review", *Neuroscience & Biobehavioral Reviews*, Vol. 71, 2016, pp. 455 – 471.

② Tracy J. L., Shariff A. F. & Cheng J. T., "A Naturalist's View of Pride", *Emotion Review*, Vol. 2, 2010, pp. 163 – 177.

③ Williams L. A. & DeSteno D., "Pride and Perseverance: The Motivational Role of Pride", *Journal of Personality and Social Psychology*, Vol. 94, 2008, pp. 1007 – 1017.

④ Weiner B., "An Attributional Theory of Achievement Motivation and Emotion", *Psychological Review*, Vol. 92, 1985, pp. 548 – 573.

⑤ Shorr D. N. & McClelland S. E., "Children's Recognition of Pride and Guilt as Consequences of Helping and Not Helping", *Child Study Journal*, Vol. 28, 1998, pp. 123 – 35.

⑥ Weiss H. M., Suckow K. & Cropanzano R., "Effects of Justice Conditions on Discrete Emotions", *Journal of Applied Psychology*, Vol. 84, 1999, pp. 786 – 794.

身的原因导致成就方面或道德方面的一些结果，并且这些结果不仅是其所渴望得到的，而且它还达到或超过了一定的社会标准时的一种积极情感体验①。

Tracy 和 Robins 则认为，自豪是个体对专业、道德、人际等重要领域的成功事件或积极事件进行具体的、不稳定的内部归因时所产生的快乐的主观情感体验②。

Leary 认为，当个体认为自己取得了有社会价值的成果，或者成为有社会价值的人的时候就会产生自豪。此外，虽然自豪的产生来自个体自身的成果，但是，当与个体有关的他人取得了有价值的成果时也会产生自豪③。

Williams（2009）认为，自豪是当个体在某一领域获得特定的、有社会价值的成功时所产生的一种积极情绪④。

国内研究者郭小艳和王振宏把自豪定义为，当目标成功实现或被他人评价为成功时，个体产生的积极体验⑤。杜建政和夏冰丽认为，自豪是个体把一个成功事件或积极事件归因于个体能力或努力的结果时所产生的一种积极的主观情绪体验⑥。

杨丽珠、姜月和陶沙认为，自豪具有以下三个特征，第一，在情绪体验方面，自豪是愉悦的一种复杂形式，是一种积极的情绪；第二，在诱发情境方面，自豪产生于成功情境，即有积极事件或成功事件发生；第三，在社会性方面，自豪是一种自我提升情绪，与个体对其表现的评价相联系，也就是说，积极或成功的事件需要联系到个体的社会性需要。基于上述三个特征，他们将自豪定义为一种正性自我意识情绪，当积极

---

① Kornilaki E. N. & Chlouverakis G., "The Situational Antecedents of Pride and Happiness: Developmental and Domain Differences", *British Journal of Developmental Psychology*, Vol. 22, 2004, pp. 605 – 619.

② Tracy J. L. & Robins R. W., "The Psychological Structure of Pride: A Tale of Two Facets", *Journal of Personality and Social Psychology*, Vol. 92, 2007, 506 – 525.

③ Leary M. R., "Motivational and Emotional Aspects of the Self", *Annual Review of Psychology*, Vol. 58, 2007, pp. 317 – 344.

④ Williams L. A., *Developing a Functional View of Pride in the Interpersonal Domain*, Doctoral Dissertation, Northeastern University, 2009.

⑤ 郭小艳、王振宏：《积极情绪的概念，功能与意义》，《心理科学进展》2007 年第 15 期。

⑥ 杜建政、夏冰丽：《自豪的结构，测量，表达与识别》，《心理科学进展》2009 年第 17 期。

事件或成功事件发生时，个体将注意指向自我，对事件的结果进行积极的自我表征、所体验到的一种愉悦情绪①。

研究者认为，自豪不是一种单维的情绪，而是多维的心理结构。研究者将自豪分为成就取向的自豪（Achievement-oriented Pride）和自大的自豪（Hubristic Pride）②。成就取向的自豪是指对唤起自豪的事件进行内部的、不稳定的、可控的归因而引起的自豪，可促进将来在成就取向上的积极行为，并有助于以后对亲社会行为的投入，如关爱投入。自大的自豪是指对唤起自豪的事件进行内部的、稳定的、不可控的归因而引起的自豪，更多地与自恋联结在一起，易于产生攻击和敌意，导致人际关系障碍等许多适应不良行为。成就取向的自豪与外显和内隐自尊正相关，且与羞耻倾向负相关；而自大自豪则与外显和内隐自尊负相关，且与羞耻倾向正相关。另外，关于自豪和人格特质的研究发现，成就取向的自豪与"大五"人格特质中的外向性、宜人性、责任心正相关，而自大的自豪则与宜人性和责任心负相关。

（二）自豪的理论

前面所介绍的Lewis的自我意识情绪一般发展模型与Tracy和Robins的自我意识情绪加工模型是与自豪相关的重要理论。除此之外，研究者也提出了一些其他理论。

1. 成就动机理论

该理论认为，一项新的成就任务所诱发的情感与以往任务的完成情况有关。例如，具有成功经历的个体，在面临新的成就任务时会产生自豪感。这种自豪感会成为对预期目标的激励，并指导个体行为去处理新的任务。另外，具有失败经历的个体，在面临新的成就任务时会引发羞耻感，这种羞耻感会引发对预期目标的另一种反应，这种反应使得个体逃避新的任务。

Higgins等通过区分提升自豪（Dromotion Pride）和抑制自豪（Prevention Pride），补充了经典的成就动机模型。他们认为，提升自豪将导致

---

① 杨丽珠、姜月、陶沙：《早期儿童自我意识情绪发生发展研究》，北京师范大学出版社2014年版。

② Tracy J. L. & Robins R. W., "The Psychological Structure of Pride: A Tale of Two Facets", *Journal of Personality and Social Psychology*, Vol. 92, 2007, pp. 506–525.

个体使用渴望的方式处理新的任务；而抑制自豪将导致个体使用警戒的方式处理新的任务①。

2. 自恋发展与调节模型

Tracy 等提出了自恋发展与调节模型（见图1—5）。根据自恋的动力学理论，自恋型人格的个体往往在儿童期受到了父母过度追求完美的要求，即父母经常将不现实的想法强加给他们，父母的要求造成了他们对自己的不正确认知——认为自己必须时刻是完美的。当他们没有达到自己或父母的理想标准时，就会感觉到被拒绝，如被他人排除在外、嘲笑或羞辱等。这种内部矛盾将会造成个体积极和消极自我表征的分离，即内隐的不适应感和外显的自大感，可能使其整体自我在面对自我价值时变得不适应。这种不适应可能促使个体产生防卫性自我调节，最终形成自恋型人格②。

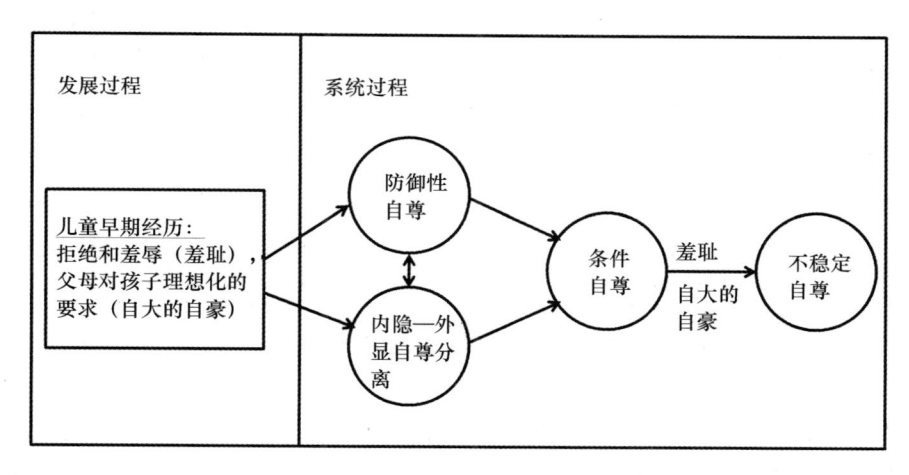

图1—5 自恋发展与调节模型［引自 Tracy 等，(2009)］

该模型认为，个体在儿童期间所产生的羞耻和自大的自豪是其自恋型人格发生并发展的主要原因。积极和消极自我表征的分离使得个体在面对

---

① Higgins E. T., Friedman R. S., Harlow R. E., et al., "Achievement Orientations from Subjective Histories of Success: Promotion Pride Versus Prevention Pride", *European Journal of Social Psychology*, Vol. 31, 2001, pp. 3–23.

② Tracy J. L., Cheng J. T., Robins R. W., et al., "Authentic and Hubristic Pride: The Affective Core of Self-esteem and Narcissism", *Self and Identity*, Vol. 8, 2009, pp. 196–213.

失败时对内隐自我进行整体的负性、稳定的归因,因而个体将逐渐无法区分开"所做坏事情"和"整体坏自我"。这种对于失败的整体的、稳定的归因将产生羞耻情绪,羞耻情绪被认为是自恋型人格的关键影响因素。

正如内隐自我逐渐变得消极,自恋型人格个体的外显自我逐渐变得积极和理想化,个体无法将"所做好事情"和"整体好自我"区分开。积极外显自我成为自豪的客体,而不仅仅对所取得的成就感到自豪。对于自恋型个体而言,积极自我表征防止其被羞耻情绪压垮。实际上,自恋型个体倾向于对积极事件进行内部的、稳定的和不可控的归因,因而更容易体验到自大的自豪。

(三)自豪的发生发展

关于自豪的发生年龄,众多研究者得出了比较一致的结论,认为自豪发生在2.5—3岁之间[1][2][3]。上述研究发现,2.5—3岁儿童在完成拼图后,表现出微笑、向上看或头向后倾等行为反应,这些动作发生的频率显著高于儿童在失败任务中的表现;并且3岁儿童在成功完成任务后表现出舒展的身体姿势和积极的言语自我评价,而这些行为在没有完成任务的儿童中没有发现。

研究者从父母评价、教育方式等家庭环境方面探讨了儿童自豪的发生。研究发现,与受虐待儿童相比,正常儿童在成功情境中更容易产生自豪,但积极教养方式与儿童自豪的发生并不相关[4][5][6]。此外,父母的

---

[1] Belsky J., Domitrovich C. & Crnic K., "Temperament and Parenting Antecedents of Individual Differences in Three-Year-Old Boys' Pride and Shame Reactions", *Child Development*, Vol. 68, 1997, pp. 456–466.

[2] Lewis M., Alessandri S. M. & Sullivan M. W., "Differences in Shame and Pride as a Function of Children's Gender and Task Difficulty", *Child Development*, Vol. 63, 1992, pp. 630–638.

[3] Stipek D., Recchia S., McClintic S. & Lewis M., "Self-evaluation in Young Children", *Monographs of the Society for Research in Child Development*, Vol. 57, 1992, pp. i–95.

[4] Alessandri S. M. & Lewis M., "Parental Evaluation and Its Relation to Shame and Pride in Young Children", *Sex Roles*, Vol. 29, 1993, pp. 335–343.

[5] Alessandri S. M. & Lewis M., "Differences in Pride and Shame in Maltreated and Nonmaltreated Preschoolers", *Child Development*, Vol. 67, 1996, pp. 1857–1869.

[6] Belsky J., Domitrovich C. & Crnic K., "Temperament and Parenting Antecedents of Individual Differences in Three-Year-Old Boys' Pride and Shame Reactions", *Child Development*, Vol. 68, 1997, pp. 456–466.

评价虽然对儿童自豪的发生没有影响，但父母对儿童表扬的方式（整体表扬和具体行为表扬）对儿童自豪的发生却有一定的作用[1][2]。

研究者用成人典型表现自豪的照片对 3—7 岁儿童的自豪识别能力进行了研究，发现 3 岁幼儿尚不能识别自豪，4 岁以后对自豪的识别率显著高于随机水平，而且同基本情绪的识别率相同。因此，3—7 岁儿童自豪识别能力随年龄增长而不断提高[3]。

关于儿童自豪理解的发展，主要有两种观点：第一，"全或无"的观点，认为当儿童发展到某一年龄阶段时，如果能够准确地报告出成功情境中的情绪种类（自豪）及其产生的原因，才能认为儿童真正理解了自豪。相关研究认为儿童大约到 7 岁以后才能完全理解自豪。7 岁以下的儿童无法自发地创设情境诱发自豪的产生，儿童更习惯于将外因（如运气）导致的成功归因于自豪[4]。此外，研究发现，7 岁儿童无法有效地区分自豪和高兴的诱发情境；而 9—10 岁的儿童能够正确地归因成功事件，并认识到自豪是个人成功时体验到的[5]。第二，"循序渐进"的观点，认为儿童对自豪的理解是循序渐进的过程，简单情绪的获得是理解更复杂情绪的先决条件。儿童在 3—4 岁开始发展自豪理解。Bosacki 和 Moore（2004）两位研究者认为，基本情绪的发展是自我意识情绪发生发展的先决条件，幼儿对自豪的理解在 3.5 岁开始发展，具体分为三个水平，依次为：不能理解自豪；认知自豪的效价，如正性或负性；理解诱发自豪的

---

[1] Reissland N., "Parental Frameworks of Pleasure and Pride", *Infant Behavior and Development*, Vol. 13, 1990, pp. 249–256.

[2] Reissland N., "The Socialisation of Pride in Young Children", *International Journal of Behavioral Development*, Vol. 17, 1994, pp. 541–552.

[3] Tracy J. L., Robins R. W. & Lagattuta K. H., "Can children Recognize Pride?", *Emotion*, Vol. 5, 2005, pp. 251–257.

[4] Harris P. L., Olthof T., Terwogt M. M. & Hardman C. E., "Children's Knowledge of the Situations that Provoke Emotion", *International Journal of Behavioral Development*, Vol. 10, 1987, pp. 319–343.

[5] Kornilaki E. N. & Chlouverakis G., "The Situational Antecedents of Pride and Happiness: Developmental and Domain Differences", *British Journal of Developmental Psychology*, Vol. 22, 2004, pp. 605–619.

情境①。

(四) 自豪的非言语表达与识别

人类的一些基本情绪,如愤怒、高兴等,都有一个独特的、能被普遍识别的非言语表达模式。作为人们日常生活中的重要情绪之一,自豪是否也存在可识别的非言语表达模式?为了探讨这一问题,研究者分别采用迫选和开放两种评定方式,要求成年被试对自豪、高兴等情绪的非言语表达进行识别。结果显示,在两种评定方式下,被试均能从高兴等相似的情绪中区分出自豪,自豪的识别率与高兴等基本情绪的识别率相当,均显著高于随机概率②。研究者还对儿童的自豪识别进行了考察,结果发现,4岁左右的儿童已能够识别自豪的非言语表达,识别率高于随机水平。由此可知,自豪情绪存在着独特的非言语表达模式,能被成年人和儿童成功地识别和区分③。

为了研究情绪识别的自动性(automaticity),研究者在快速反应、精细加工和认知负荷三种实验条件下分别考察了被试对自豪等情绪的识别。结果表明,在三种条件下,自豪均能被准确、迅速地识别,其识别率显著高于随机概率;在精细加工条件下,自豪的识别率有进一步提高,但提高幅度不大。此结果是对自豪情绪表达的识别是自动加工的这一观点的有力支持④。

在以往的研究基础上,研究者又对自豪的识别进行了跨文化研究,以检验自豪识别是否具有跨文化的普遍性。该研究分别要求美国和意大利被试对自豪表达进行识别,结果发现,美国被试与意大利被试之间的自豪识别率没有显著差异,他们对自豪的识别率均高于随机概率。该研究还选择了来自西非偏远村庄的布基纳法索(Burkinabe)人作为被试,这些被试都是文盲,要求被试对由两个不同性别的亚洲人和两个不同性

---

① Bosacki S. L. & Moore C., "Preschoolers' Understanding of Simple and Complex Emotions: Links with Gender and Language", *Sex Roles*, Vol. 50, 2004, pp. 659 – 675.

② Tracy J. L. & Robins R. W., "Show Your Pride: Evidence for a Discrete Emotion Expression", *Psychological Science*, Vol. 15, 2004, pp. 194 – 197.

③ Tracy J. L., Robins R. W. & Lagattuta K. H., "Can Children Recognize Pride?", *Emotion*, Vol. 5, 2005, pp. 251 – 257.

④ Tracy J. L. & Robins R. W., "The Automaticity of Emotion Recognition", *Emotion*, Vol. 8, 2008, pp. 81 – 95.

别的美洲人呈现的自豪、羞愧、高兴等情绪的表达模式进行识别。结果发现,被试对自豪的识别率显著高于随机概率,并且没有显著的男女差异;另外,情绪表达模式呈现者的性别也没有对识别率造成显著影响。这表明,与外界文化高度隔绝、没有读写能力的布基纳法索(Burkinabe)人,同样能够准确地识别并区分自豪。这一研究结果为自豪识别具有跨文化的普遍性提供了强有力的支持。最后,系统地操纵自豪表达模式呈现者的种族和性别,以考察对自豪的识别是否因呈现者的种族或性别不同而发生变化。结果表明,人们对自豪表达模式的识别会因呈现者的性别不同而发生变化,但不会因呈现者的种族不同而发生变化,呈现者的性别与种族的交互作用不显著;被试对女性所表达自豪的识别率高于对男性所表达自豪的识别率;对自豪表达模式的识别,没有表现出被试(识别者)的种族和性别效应[1]。总之,上述结果高度支持了对自豪的识别具有跨文化普遍性的观点。

已有研究发现,自豪的表达不仅限于面部表情(主要是微笑),还包括头部向后微倾、身体向外扩展、上肢举过头部或双手叉腰等几个重要特征[2]。然而,并没有证据表明除微笑外的其他几个特征是自豪的最典型表达方式,也没有证据表明某一特征是自豪识别的充要条件。为此,研究者对自豪的非言语表达方式进行了系统的探讨,在研究中要求被试对恐惧、高兴、自豪等情绪进行识别。他们以眼睛凝视的方向、头部倾斜、上肢的位置、身体姿态这四种自豪表达方式为自变量,采用 $2 \times 2 \times 4 \times 2$ 的组内设计,随机呈现 32 种可能的自豪表达,每种表达均伴随微笑。结果表明,头部向后微倾、双手叉腰、扩展身体姿态的识别率较高。这表明,除微笑外,头部向后微倾、双手叉腰、扩展的身体姿态是自豪最基本的、最常见的表达方式[3]。研究者还对自然情境中的自豪表达进行了跨文化比较研究,对编码结果的分析表明,亚洲、拉美、欧洲、北美的柔

---

[1] Tracy J. L. & Robins R. W. , "The Nonverbal Expression of Pride: Evidence for Cross-cultural Recognition", *Journal of Personality and Social Psychology*, Vol. 94, 2008, pp. 516–530.

[2] Tracy J. L. & Robins R. W. , "Show Your Pride: Evidence for a Discrete Emotion Expression", *Psychological Science*, Vol. 15, 2004, pp. 194–197.

[3] Tracy J. L. & Robins R. W. , "The Prototypical Pride Expression: Development of a Nonverbal Behavior Coding System", *Emotion*, Vol. 7, 2007, pp. 789–801.

道队员在获胜后都相应地表现出头部后倾、胸部扩展、胳膊伸展、握拳等可识别的自豪表达特征。这些证据表明,在人们获得成功后,自豪的非言语表达模式能够自发地展现出来,并且这种自发展现具有跨文化的普遍性①。

(五) 自豪的神经机制

关于自豪的神经科学研究发现,相比于中性情绪体验的被试,被诱发出自豪情绪体验的被试在大脑的后颞上沟和颞叶有显著激活②。关于自豪的自主神经生理反应研究发现,在实验室任务中给予积极反馈后,被试的皮肤导电、心率以及心率的变异性都增加了③。但也有研究发现,诱发自豪后心脏唤醒水平较低④。关于自豪的内分泌系统研究发现,在诱发自豪情绪的同时加入身体姿态后,被试的荷尔蒙睾丸激素增加⑤。该研究表明了自豪的非言语表达与其生理反应的直接关系。

---

① Tracy J. L. & Robins R. W., "The Nonverbal Expression of Pride: Evidence for Cross-cultural Recognition", *Journal of Personality and Social Psychology*, Vol. 94, 2008, pp. 516 – 530.

② Takahashi H., Matsuura M., Koeda M., et al., "Brain Activations During Hudgments of Positive Self-conscious Emotion and Positive Basic Emotion: Pride and Joy", *Cerebral cortex*, Vol. 18, 2007, pp. 898 – 903.

③ Fourie M. M., Rauch H. G., Morgan B. E., et al., "Guilt and Pride are Heartfelt, But not Equally So", *Psychophysiology*, Vol. 48, 2011, pp. 888 – 899.

④ Herrald M. M. & Tomaka J., "Patterns of Emotion-specific Appraisal, Coping, and Cardiovascular Reactivity During an Ongoing Emotional Episode", *Journal of Personality and Social Psychology*, Vol. 83, 2002, p. 434.

⑤ Carney D. R., Cuddy A. J. & Yap A. J., "Power Posing: Brief Nonverbal Displays Affect Neuroendocrine Levels and Risk Tolerance", *Psychological Science*, Vol. 21, 2010, pp. 1363 – 1368.

第二章

内疚——良心之责

第一节 内疚的心理功能

一 内疚情绪的道德功能

内疚是一种与道德行为紧密相连并且具有较高社会性的道德情绪。研究发现，内疚促使亲自我个体在连续社会博弈游戏中做出合作行为。体验到内疚情绪的个体在第一轮游戏中采用不合作策略后，会在下一轮游戏中（即使一周以后）表现出较高的合作水平。对此研究者采用"情绪即信息"模型进行解释，内疚的负性体验提醒个体当前违背社会规则的情形被评价为"坏的"，进而随后改变自己的行为[1]。研究者进一步考察了内疚和羞耻对合作行为的影响，结果发现，内疚能够促进亲自我取向个体的合作行为，而对亲社会取向个体的合作行为没有影响；羞耻对亲自我和亲社会个体的合作行为均没有影响。该研究表明，不同的道德情绪会激发个体不同的行为。体验到内疚通常意味着个体伤害了他人，从而激发个体做出补偿行为以弥补过失行为。体验到羞耻通常意味着个体犯了错误并在短期内激发退缩行为以避免更多的错误[2]。另有研究发现特定情绪对合作行为影响的特异性。该研究诱发个体的内疚和愤怒情绪，考察其对单次分钱博弈的影响。结果发现，内疚提高亲自我个体的合作

---

[1] Ketelaar T. & Tung Au W., "The Effects of Feelings of Guilt on the Behaviour of Uncooperative Individuals in Repeated Social Bargaining Games: An Affect-as-information Interpretation of the Role of Emotion in Social Interaction", *Cognition and Emotion*, Vol. 17, 2003, pp. 429–453.

[2] De Hooge I. E., Zeelenberg M. & Breugelmans S. M., "Moral Sentiments and Cooperation: Differential Influences of Shame and Guilt", *Cognition and Emotion*, Vol. 21, 2007, pp. 1025–1042.

水平，而愤怒减少亲社会个体的合作水平。该结果表明，情绪对行为的影响通常发生在情绪相关目标与个体社会价值取向不一致的情况下。愤怒情绪与风险规避的目标相关，在社会困境中诱发风险规避的行为倾向，因而愤怒减少合作行为，并且仅仅减少亲社会价值取向个体的合作行为。内疚与关心他人的目标相关，因而内疚会增加合作行为，但仅仅增加亲自我价值取向个体的合作行为[①]。

杜灵燕考察了中学生的内疚情绪对其道德行为的影响，发现无论帮助对象是不是知情者，内疚都促进助人行为[②]。丁芳等探讨了初中生内疚情绪体验的发展特点及其对公平行为的影响，发现初中生的内疚情绪体验随年龄的增长而降低，而且内疚情绪体验对两人情境中的公平行为有积极影响，而对三人情境中的公平行为没有显著影响[③]。

体验到内疚的个体倾向于对他人做出补偿。研究者对内疚导致补偿行为背后的心理机制进行了探讨。该研究首先采用线索提示任务考察内疚组个体的注意偏向，实验要求被试对屏幕上"十字"出现的位置（左边或右边）进行反应，但在"十字"出现之前，屏幕的左边或右边会出现"补偿指向"的词语（如帮助、道歉、修理、补偿等）或"逃避指向"的词语（如隐藏、回避、消失、离开等）以及控制词语。结果发现，内疚个体对"补偿指向"词语表现出更大的注意偏向。该研究还采用启动范式考察了内疚个体对补偿指向词语的内隐态度。实验中首先呈现启动词语（补偿指向词语或控制词语）150ms，接着出现目标词语，要求被试判断目标词语为正性或负性。结果发现，内疚个体对"补偿指向"词语表现出更强的积极态度，所感即所做（feeling-is-for-doing），内疚个体对"补偿指向"词语表现出的注意偏向和积极态度会促使其做出补偿行为[④]。

[①] Nelissen R. M., Dijker A. J. & De Vries N. K., "Emotions and Goals: Assessing Relations Between Values and Emotions", *Cognition and Emotion*, Vol. 21, 2007, pp. 902 – 911.

[②] 杜灵燕：《内疚与羞耻对道德判断，道德行为影响的差异研究》，中国地质大学硕士论文，2012年。

[③] 丁芳、周鋆、胡雨：《初中生内疚情绪体验的发展及其对公平行为的影响》，《心理科学》2014年第5期。

[④] Graton A. & Ric F., "How Guilt Leads to Reparation? Exploring the Processes Underlying the Effects of Guilt", *Motivation and Emotion*, Vol. 41, 2017, pp. 343 – 352.

从进化角度看，内疚是基于关怀/伤害系统进化而来的，利他主义是内疚的重要功效。内疚指向的是行为（我做了可恶的事），与具体事件相关[1]，会促使内疚个体使用问题聚焦解决策略[2]，有关怀或弥补行为的动机，对探索行为和动机活动有增强作用，因而具有适应性。具体而言，某个个体因伤害他人而体会到内疚情绪，会促使他向外聚焦，反思具体的事情及其对事情的责任（而不是指向整体自我评价——我是一个可恶的人），这样有利于个体将注意力聚焦于防止下一次犯错或寻求弥补方法（更小可能聚焦于伤害自身）并实施弥补行为，来减轻这件具体事情产生的心理负担，因而增加个体生存适应性及其优势。更重要的是，因为内疚与道德领域相关，除了阻止产生坏的、不道德行为[3][4]，内疚与互惠利益的心理适应性能力有关，从而更可能产生道德行为[5]。

二　内疚情绪的"多比效应"（Dobby Effect）

上述研究发现，内疚促使个体做出补偿性的亲社会行为以便修复社会关系。那么，当无法做出弥补行为时，个体会怎么做？研究发现，在无法弥补的情况下，内疚可能引发自我惩罚，研究者将这种现象称为"多比效应"（多比是《哈利波特》中被巫师当作奴隶的神奇生物，他每次违背主人的意愿时，都会做出自我惩罚行为）。该研究设计了两个实验，实验一要求被试想象自己是大学四年级的学生，并承诺年底会努力

---

[1] Werkander H. C., Roxberg A., Andershed B. & Brunt D., "Guilt and shame—a Semantic Concept Analysis of Two Concepts Related to Palliative Care", *Scandinavian Journal of Caring Sciences*, Vol. 26, 2012, pp. 787–795.

[2] Duhachek A., Agrawal N. & Han D. H., "Guilt Versus Shame: Coping, Fluency, and Framing in the Effectiveness of Responsible Drinking Messages", *Journal of Marketing Research*, Vol. 49, 2012, pp. 928–941.

[3] Kouchaki M., Gino F. & Jami A., "The Burden of Guilt: Heavy Backpacks, Light Snacks, and Enhanced Morality", *Journal of Experimental Psychology General*, Vol. 143 (1), 2014, pp. 414–424.

[4] Olthof T., "Anticipated Feelings of Guilt and Shame as Predictors of Early Adolescents' antisocial and prosocial interpersonal behavior", *European Journal of Developmental Psychology*, Vol. 9, 2012, pp. 371–388.

[5] Nelissen R. M. A., Breugelmans S. M. & Zeelenberg M., "Reappraising the Moral Nature of Emotions in Decision Making: the Case of Shame and Guilt", *Social & Personality Psychology Compass*, Vol. 7, 2013, pp. 355–365.

完成学业，以免给家长增加额外的负担。但圣诞节前被告知没有通过考试（内疚条件）或被告知存在一些课堂上没有解决的问题（控制条件），他们或者需要来年五月再次参加考试（可弥补条件），或者需要重修并支付学费（无法弥补条件）。随后接着要求被试想象，发生上述情况后，如果一群朋友邀请他参加圣诞节假期的滑雪旅行，他是否会参加。结果发现，当个体处于内疚且无法弥补条件时，更可能会拒绝朋友的滑雪旅行。实验二告知被试他们正在参加一项视敏度研究，基于以往研究发现视觉感知能力可以被训练，这项研究考察不同的奖励和惩罚形式如何影响训练的效果。对此，研究者需要测试被试的视敏度，共包含 10 个试次，被试观看由一些不同颜色和大小的圆圈和圆点组成的视觉刺激，并在 3 秒内估计有多少圆点，并告知被试注意力越集中，估计越准确。随后被试完成三轮训练，并伴随不同的奖励和惩罚。每轮训练中被试会赢得分数，这些分数被兑换成奖券（每 10 分一个奖券）。中奖者从当时在场的所有被试（最多 8 名被试）中产生，奖金 10 欧元，因此，得到的分数越多，获奖的概率越大。第一轮训练中，每个正确答案可得 10 分，并且告知被试估计点数在正确点数加减 3 范围内都记为正确。第一轮和第二轮的所有试次都会提供预先设定好的反馈。第一轮中所有被试都答对了 10 个试次中的 7 个试次，获得初始分数 70 分。第二轮中，依然每个正确答案可得 10 分，但是每个被试与随机配对的另一名被试互相得分。控制条件下，每个被试和随机配对的另一名被试都答对 10 个试次中的 8 个试次，获得分数 80 分。内疚条件下，另一名被试为被试赢得 80 分，而被试为另一名被试赢得 20 分。第三轮也是最后一轮中，被试答对不加分，而答错要减分，由被试自行决定每答错一次减几分（1—10 分）。在无法弥补条件下，被试规定自己每错一次减几分。在可弥补条件下，被试决定每错一次自己减几分，而相应的分数将加给另一位被试。最后一轮中，所有被试答对 10 个试次中的 6 次。结果发现，内疚不可弥补条件下，被试倾向于每错一次减掉较多的分数[①]。

该研究结果可能揭示了内疚情绪的"黑暗面"，因为内疚可能导致自

---

① Nelissen R. M. A. & Zeelenberg M., "When Guilt Evokes Self-punishment: Evidence for the Existence of a Dobby Effect", *Emotion*, Vol. 9, 2009, pp. 118–122.

我惩罚，而自我惩罚更多的是一种不理智的行为。正如研究者所言，内疚所引发的行为倾向绝不仅仅局限在亲社会领域，该研究结果拓展了以往关于内疚所引发行为倾向的认识。

另外，研究还发现了"道德受虐狂"现象——那些回忆令自己内疚的事件（相比于回忆悲伤、中性事件）的被试选择给自己实施电击，并且内疚情绪越强烈，选择给自己的电击强度越强[①]。

三 内疚情绪的"第三方利益损害"

研究发现，内疚情绪在促进个体关注受害者利益的同时，也极有可能给第三方利益带来损害。研究中设置被试与两名同伴——受害者和非受害者互动的场景，进而考察内疚如何影响个体在自己和两位同伴之间分配资源[②]。该研究包含三个预实验和四个正式实验：

预实验一考察内疚是否会引发对受害者的亲社会行为，而牺牲第三方的利益。实验中要求被试回忆使其感到内疚的某人（人物 A）（内疚条件）或周末遇到的一个人（控制条件），随后询问被试如何将 50 欧元在人物 A 的生日、非洲难民的捐款和自己之间进行分配。结果发现，内疚条件下被试分给人物 A 的钱多于控制条件；分给非洲难民的钱少于控制条件；分给自己的钱在两种条件下没差异。研究结果表明，个体会牺牲第三方的利益以补偿受害者。

预实验二考察内疚是否会损害"明确"第三方的利益。实验中要求被试想象以下场景，"你正在学习一门课程，该课程要求参加考试并写一篇论文。你已经通过了考试，正在和同学 Robert 合作写论文。内疚条件：由于你已经通过了考试，而且不太愿意写论文，所以几乎没有花费任何精力在这上面，而 Robert 几乎做了所有的工作。待论文提交并返回后，由于你的不努力导致你和 Robert 都得了非常低的分数。也因为如此，Robert 没有通过这门课程，需要来年重修。控制条件：待论文提交并返回

---

① Inbar Y., Pizarro D. A., Gilovich T. & Ariely D., "Moral Masochism: On the Connection Between Guilt and Self-punishment", *Emotion*, Vol. 13, 2013, pp. 14 – 18.

② De Hooge I. E., Nelissen R., Breugelmans S. M. & Zeelenberg M., "What Is Moral About Guilt? Acting 'Prosocially' at the Disadvantage of Others", *Journal of Personality and Social Psychology*, Vol. 100, 2011, pp. 462 – 473.

后，你和 Robert 都得到了很好的分数并且通过了课程，归因于你这部分的工作比较充分"。随后要求被试在 Robert、Bob 和自己之间分配 50 欧元。结果发现，内疚组被试分给 Robert 的钱多于控制组；分给 Bob 的钱少于控制组；分给自己的钱在两种条件下没差异。该研究与预实验一结果一致。

预实验三考察个体是否认为"牺牲第三方的利益以补偿受害者的行为"是不道德行为。实验中要求被试对预实验一和预实验二中的分配方案进行评价：要求被试回答道德模范人物如何分配这 50 欧元。被试认为预实验一中道德模范人物分给非洲难民的钱应多于分给过生日朋友的钱，并且分给自己的钱应最少。被试认为预实验二中道德模范人物应将 50 欧元在 Robert、Bob 和自己之间均分。研究结果表明，个体认为预实验一和预实验二中被试的分配是不道德的。

实验一排除了"一般受害者效应"（General Victim Effect）。研究表明由自我行为导致某人受到伤害时，个体会产生内疚情绪，进而引发"第三方利益损害"效应。而由他人行为导致某人受到伤害的条件则不能引发上述效应。

实验二发现内疚的"第三方利益损害"效应只发生在受害者在场的条件下，也就是说，当受害者参与随后的资源分配时才会出现该效应。

有人对于内疚的"第三方损害效应"提出质疑，认为内疚个体毕竟给第三方分了钱，虽然钱数略少，但这并不等同于内疚的"负性效应"。因此，实验三设置了重新分配任务：被试决定从自己和第三方拥有的资源中分配多少给受害者，结果发现内疚个体从自己和第三方拥有的资源中分配给受害者的数额多于控制组，并且从第三方拥有的资源中分配给受害者的数额多于从自己拥有的资源中分配给受害者的数额。该实验还发现该效应只发生在第一次分配任务中。

基于内疚和羞耻两种情绪的共性及差异性，实验四考察羞耻是否能够引发同样的"第三方利益损害"效应，结果发现，羞耻不能引发该效应。

综上，该研究发现了内疚的"第三方利益损害"效应，也揭露了内疚的另一黑暗面。

四 特质内疚与道德行为

特质内疚的个体倾向于对不道德行为进行内部的、特定的、不稳定的归因，并关注于"修复"当前形势。因此，大多研究发现特质内疚与较高的亲社会行为水平，较低的攻击和退缩水平相关。例如 Stuewig 等进行了一项追踪研究，首先对 380 名五年级的学生（10—12 岁）进行特质内疚和特质羞耻测试，待他们成年后（18—21 岁）进行第二次调查，结果发现，童年时的特质内疚致使成年后较少的性伴侣，较少吸食毒品和饮用酒精、较少参与犯罪组织；而特质羞耻是成年后偏差行为的风险因子[1]。另有研究者对 395 名早期青少年（平均 11.8 岁）进行短期追踪研究发现，特质内疚与较低的攻击水平和较高的亲社会水平相关，并能预测随后亲社会行为的增加[2]。另有研究者发现，相比于高内疚倾向个体，低内疚倾向的个体会更多实施有害组织的反生产行为，会表现出更多的撒谎和不诚实行为，也有更多的未买门票或未经允许进入电影院、音乐会、公园、运动场等行为[3][4]。

内疚倾向还会影响人们在社会竞争中的地位。高内疚倾向个体会被认为更有领导潜质，更具有领导力，因而增加了在社会竞争中的优势[5]。研究一考察了他人是否倾向于认为高内疚倾向的个体具有较好的领导力。研究中告知被试，"这是一项关于人格评估和聘用决定的研究。研究者对多种多样的人格测量比较感兴趣。在先前的研究中已经有被试完成了人

---

[1] Stuewig J., Tangney J. P., Kendall S., et al., "Children's Proneness to Shame and Guilt Predict Risky and Illegal Behaviors in Young Adulthood", *Child Psychiatry & Human Development*, Vol. 46, 2015, pp. 217–227.

[2] Roos S., Hodges E. V. & Salmivalli C., "Do Guilt-and Shame-proneness Differentially Predict Prosocial, Aggressive, and Withdrawn Behaviors During Early Adolescence?", *Developmental Psychology*, Vol. 50, 2014, pp. 941–946.

[3] Cohen T. R., Panter A. T. & Turan N., "Guilt Proneness and Moral Character", *Current Directions in Psychological Science*, Vol. 21, 2012, pp. 355–359.

[4] Cohen T. R., Panter A. T. & Turan, N., "Predicting Counterproductive Work Behavior from Guilt Proneness", *Journal of Business Ethics*, Vol. 114, 2013, pp. 45–53.

[5] Schaumberg R. L. & Flynn F. J., "Uneasy Lies the Head That Wears the Crown: The Link Between Guilt Proneness and Leadership", *Journal of Personality and Social Psychology*, Vol. 103, 2012, pp. 327–342.

格测量，请你评估其中一名个体的测量反应"。首先要求被试评估目标个体的自我意识情绪量表（TOSCA-3）；要求被试完成领导力感知量表，即要求被试评估目标个体：（a）能否成为好领导；（b）哪些特质能够使他/她成为好领导；（c）有无清晰的领导潜力；（d）多大程度上希望他/她成为自己工作的领导或上级。结果发现，内疚倾向和领导力感知正相关，即较高内疚倾向的个体被认为具有较好的领导力。研究二考察了内疚倾向个体是否更可能出现领导行为。研究首先测量了被试的内疚倾向水平，接着4—5名被试为一组，与另一组被试完成45—60分钟的任务。每组首先完成"产品推销"任务，他们为产品研发机构开展营销活动，以确定最近三个产品理念中哪一个最能成功进行大规模市场生产并提供产品市场化的一系列建议。研究者给被试提供这些产品的图片和简介，当被试选定适用于大规模生成的产品后，还需要给产品创建五个备选的产品名称，至少三个不同的标语，并准备一个包含产品名称和标语的简短介绍。随后完成"消失在沙漠"任务，告知被试当飞行去参会时，小组成员所乘飞机失事了，只有本组成员幸存。被试收到了从飞机上回收的八件物品清单，这些物品可能有助于他们生存。被试首先决定他们的生存策略（走出去寻求帮助或待在飞机上），并评定八件物品对于小组生存的重要性。小组成员需要共同讨论，达成生存策略和判断物品重要性的一致意见。最后，每名成员评定各个小组成员多大程度上参与了领导行为。结果发现，内疚倾向和领导行为的发生正相关。研究三考察了内疚倾向和领导有效性的关系，研究中要求导师、直接上级、同伴和顾客对工商管理学院一年级硕士生的领导力进行评估。结果发现，高内疚倾向个体被评定为更具有领导力，并且对他人的责任感在二者关系中起作用。

第二节　青少年特质内疚与亲社会行为的关系

一　研究目的

作为一种典型的道德情绪，内疚对于个体来说具有普遍的社会适应性，它能够提高个体的道德行为并且可以抑制不道德行为的发生，因而具有很高的亲社会性①。从进化心理学角度来看，内疚是一种进化而来的、有益的负性情绪，可以促进个体道德发展，有利于个体人际关系的维护②。当个体产生内疚情绪时，往往会促使个体产生道歉、对受害者进行补偿、助人等亲社会行为。那么，内疚促进亲社会行为的心理机制是什么？

　　研究发现，道德认同可以正向预测捐助、志愿活动等亲社会行为③④，短暂激活的道德认同或经培训提高的道德认同有利于增加个体的利他行为⑤。研究者采用回归分析的方法探讨了道德认同、道德推理、共情与亲社会行为之间的关系，结果显示，道德认同可以正向预测总的亲社会行为，而且与隐秘性的、利他性的、情感性的亲社会行为相关显著⑥。研究者还发现，情境因素可以通过改变道德认同的通达性进而影响人们的道德行为⑦。国内研究者发现，道德认同可以调节道德倾向与慈善捐赠行为之间的关系，道德认同外化维度弱化了功利导向与慈善捐赠行为之间的负向关系，内化维度和表征化维度则强化了义务导向与慈善捐赠行为的正向关系⑧。基于此，本研究试图考察道德认同在内疚促进亲社会行为中的作用。

---

① Dearing R. L., Stuewig J. & Tangney J. P., "On the Importance of Distinguishing Shame from Guilt: Relations to Problematic Alcohol and Drug Use", *Addictive Behaviors*, Vol. 30, 2005, pp. 1392 – 1404.

② 何华容、丁道群:《内疚:一种有益的负性情绪》,《心理研究》2016 年第 1 期。

③ Aaker J. L. & Akutsu S., "Why Do People Give? The Role of Identity in Giving", *Journal of Consumer Psychology*, Vol. 19, 2009, pp. 267 – 270.

④ Winterich K. P., Aquino K., Mittal V. & Swartz R., "When Moral Identity Symbolization Motivates Prosocial Behavior: The Role of Recognition and Moral Identity Internalization", *Journal of Applied Psychology*, Vol. 98, 2013, pp. 759 – 770.

⑤ Aquino K., McFerran B. & Laven M., "Moral Identity and the Experience of Moral Elevation in Response to Acts of Uncommon Goodness", *Journal of Personality and Social Psychology*, Vol. 100, 2011, pp. 703 – 718.

⑥ Hardy S. A., "Identity, Reasoning, and Emotion: An Empirical Comparison of Three Sources of Moral Motivation", *Motivation and Emotion*, Vol. 30, 2006, pp. 205 – 213.

⑦ Aquino K., Freeman D., Reed I. I., et al., "Testing a Social-cognitive Model of Moral Behavior: The Interactive Influence of Situations and Moral Identity Centrality", *Journal of Personality and Social Psychology*, Vol. 97, 2009, pp. 123 – 141.

⑧ 林志扬、肖前、周志强:《道德倾向与慈善捐赠行为关系实证研究——基于道德认同的调节作用》,《外国经济与管理》2014 年第 6 期。

二 研究方法

(一) 被试选取

本研究采用随机取样的方法,抽取了山东省五所学校初一、初二、初三、高一、高二、高三、大一七个年级的学生,总共发放问卷2000份。除去178份作答不完全或者有明显作答规律的问卷,共回收有效问卷1822份,问卷有效回收率为91.1%。学生年龄范围为13—18岁,其中,男生754人,女生1068人,分别占总人数的41.4%和58.6%;初一学生287人,占总人数的15.7%,初二学生215人,占总人数的11.8%,初三学生222人,占总人数的12.2%,高一学生274人,占总人数的15.0%,高二学生266人,占总人数的14.6%,高三学生295人,占总人数的16.2%,大一学生263人,占总人数的14.4%。

(二) 研究工具

自我意识情绪量表——青少年版(TOSCA—A)

采用刘慧芳修订和补充的《自我意识情绪测验——青少年版》[①],该量表包括24个在生活中常见的情景,每个情景设置了4—5个选项,表示在这种情景中可能出现的反应,每种反应代表了相应的自我意识情绪,被试在每个选项上不同的评估反映了各个自我意识情绪的倾向性。该量表包括羞耻、内疚、α自豪、β自豪、外化、疏离6个分量表。采用5级评分,"1"表示"完全不可能","5"代表"非常可能"。以往研究显示,该量表具有良好的信效度以及文化适应性。在本研究中,该量表的内部一致性信度为0.87,内疚分量表的内部一致性信度同样为0.87。

道德认同量表(MIM)

该量表最初由Aquino和Reed于2002年编制,本研究中采用的是该量表的中文修订版,包含内隐和外显两个维度,每个维度各5道题,其中内隐维度指这些道德核心特质的自我重要性程度,外显维度则指个体愿意通过自身的服饰、兴趣爱好以及所参与活动表达道德特质的欲望。

---

① 刘慧芳:《自我意识情绪测验——青少年版》(TOSCA-A)的初步修订,天津师范大学硕士论文,2016年。

该量表共由两个部分构成：第一部分为9个具有代表性的道德特质描述词汇（关爱、同情心、公正、友好、慷慨、助人等），随后要求个体想象具有以上道德特质的人的思想、感受和行为；第二部分为10道测试题，要求个体对其进行5点评分，如"拥有这些品质的人对我很重要"等。在本研究中，该量表的内部一致性信度为0.71。

亲社会行为倾向量表（PTM）

采用寇彧等根据中国的实际国情修订的《青少年亲社会行为倾向量表》，量表共有23个项目，6个维度，分别是公开的、匿名的、利他的、依从的、情绪性和紧急的。采用5级评分，"1"代表"完全不符合"，"5"代表"完全符合"[①]。在本研究中，该量表的内部一致性信度为0.67。

（三）施测程序

将以上三个量表按照自我意识情绪量表——青少年版、道德认同量表、亲社会行为倾向量表的顺序装订成一套。施测前对班主任或者心理健康教师进行培训，然后以班级为单位，由班主任或者心理健康教师担任主试进行团体施测。被试首先填写基本信息，阅读指导语，在被试完全理解作答要求后开始作答。施测过程中要求被试保持安静并独立完成量表，主试在被试作答期间进行巡视，保证被试认真顺利完成量表，整个过程大约持续30分钟。被试完成量表后，当场收回并赠予每一位被试一份纪念品表示感谢。量表收回后进行筛选剔除，采用EpiData3.1进行数据录入。

三 结果与分析

（一）描述统计与相关分析

对内疚、道德认同和亲社会行为进行Pearson相关分析后发现，各变量之间呈显著的正相关关系。具体如表2—1所示。

---

① 寇彧、洪慧芳、谭晨、李磊：《青少年亲社会倾向量表的修订》，《心理发展与教育》2007年第23期。

表 2—1　　　　描述性统计结果和变量间的相关分析

变量	1	2	3	M ± SD
1. 内疚	1			81.91 ± 10.40
2. 道德认同	0.41***	1		36.77 ± 5.27
3. 亲社会行为	0.41***	0.38***	1	75.78 ± 8.41

注：* 表示 $p<0.05$ 显著；** 表示 $p<0.01$；*** 表示 $p<0.001$。下同。

（二）青少年道德认同在内疚与亲社会行为中的中介作用

为了考察道德认同是否在内疚与青少年亲社会行为关系中起中介作用，以内疚为自变量，亲社会行为为因变量，道德认同为中介变量，根据中介效应的检验程序进行检验。

第一步，做自变量对因变量的回归分析，即内疚对亲社会行为的回归分析。结果显示，内疚对亲社会行为的预测作用显著。

第二步，做自变量对中介变量的回归分析，即内疚对道德认同的回归分析。结果显示，内疚对道德认同的预测作用显著。

第三步，做自变量和中介变量对因变量的回归分析，即将内疚、道德认同同时放入回归方程，结果显示，将道德认同引入到回归方程中虽然会引起内疚对亲社会行为回归系数的下降，但这一回归系数依然是显著的。因此道德认同在内疚与亲社会行为之间起到部分中介的作用。

表 2—2　青少年内疚、道德认同对亲社会行为的回归分析（N = 1822）

步骤	因变量	预测变量	标准化回归方程	SE	t	R^2	ΔR^2
1（路径 c）	亲社会行为	内疚	y = 0.44x	0.02	17.02***	0.19	0.19
2（路径 a）	道德认同	内疚	m = 0.43x	0.01	16.72***	0.18	0.18
3（路径 b）	亲社会行为	道德认同	y = 0.57m	0.05	8.46***	0.23	0.09
（路径 C'）		内疚	+ 0.34x	0.02	12.19***		

由表 2—2 可知，道德认同在内疚和青少年亲社会行为关系中起部分中介作用，中介效应占总效应比例为 $ab/c = 55.70\%$。

为了进一步验证道德认同在内疚和亲社会行为关系中部分中介效应

的显著性,采用偏差校正的百分位 Bootstrap 法对道德认同的部分中介效应进行检验。在实际统计分析中,将样本量设置为5000,代表随机抽样的次数,置信区间设置为95%,若不包括0,则中介效应成立。若直接效应显著,则说明中介变量起到部分中介的作用,若直接效应不显著,则中介效应起到完全中介作用。内疚到亲社会行为的直接效应为0.2337,间接效用为0.0959。对应的Bootstrap分别为[0.1963,0.2710]、[0.0751,0.1188],均不包含0,这说明直接效应和间接效用均显著。因此,道德认同在内疚对青少年亲社会行为的影响中起到部分中介作用。

四 讨论

结果显示,内疚与青少年亲社会行为之间存在显著正相关,即内疚水平越高,青少年的亲社会行为就越高。内疚既可以直接影响青少年的亲社会行为,也可以通过道德认同间接影响青少年的亲社会行为。当个体体验到内疚时,会开始关注自身已经内化的道德标准,意识到自己的行为与自己道德标准的不一致,从而产生符合道德标准的行为[①]。同时,内疚情绪会带给个体紧张和懊悔感[②],使个体产生强烈的道德感以及按社会规范行事的动机,从而在道德情境中以高的道德标准要求自己以消除紧张和懊悔感。

第三节 青少年内疚情绪对亲社会行为的影响

一 研究目的

本研究拟通过实验法来探究内疚情绪对青少年亲社会行为的影响。实验通过人际互动游戏诱发个体的内疚情绪,通过被试在独裁者博弈游戏中分配给搭档的代币数量考察其亲社会行为。

[①] Ilies R., Peng A. C., Savani K. & Dimotakis N., "Guilty and Helpful: An Emotion-based Reparatory Model of Voluntary Work Behavior", *Journal of Applied Psychology*, Vol. 98, 2013, pp. 1051 – 1059.

[②] Menesini E., Nocentini A. & Camodeca M., "Morality, Values, Traditional Bullying, and Cyberbullying in Adolescence", *British Journal of Developmental Psychology*, Vol. 31, 2013, pp. 1 – 14.

二　研究方法

（一）被试选取

在山东省某高校，通过班级宣传的形式招募到自愿参加实验的大一学生95人，随机分为两组。实验组48人（男23人，女25人，平均年龄18.46岁），控制组47人（男22人，女25人，平均年龄18.34岁）。所有被试均为右利手，裸眼或矫正视力正常，并且所有被试均未参加过与本研究相关的心理学实验。实验结束后每人获得纪念品一份。

（二）实验设计

采用单因素被试间实验设计。自变量为内疚（诱发/未诱发），因变量为亲社会行为，具体指在独裁者博弈游戏中被试分配给其搭档的代币数量。

（三）实验流程

（1）完成颜色判断任务

首先告知被试将和搭档完成颜色判断任务，被试和搭档正确率都达到80%时，二者将获得预设奖金，否则，预设奖金清零。电脑自动为被试匹配搭档（虚拟搭档，实际上只有被试自己参与实验）。为了提高情境的真实性，电脑在15秒后才会为被试匹配好虚拟搭档，并标明虚拟搭档所在的校区。为了避免性别等因素对接下来独裁者博弈游戏造成影响，搭档只简单地显示卡通形象，并不显示性别以及其他特征。

被试和搭档的成绩都由电脑自动给出。据以往研究发现，当被试的正确率过低时，被试的注意力会更多地集中在正确率这个外在的消极结果上，而忽视了自己给搭档带来的不利影响，从而产生难过、羞愧等消极情绪（张晓贤等，2012）。因此，为了尽量避免其他情绪的干扰，在实验正式任务阶段将实验组被试的正确率设置为75%—78%之间，在这种情境中被试的注意力将会更多地集中在自己失利对搭档负有的责任，从而更好地诱发被试的内疚情绪。虚拟搭档的正确率设置在80%—85%之间。

控制组仅仅与虚拟搭档合作完成颜色判断任务，并不预设奖金，也无正确率反馈。

颜色判断任务如下：当屏幕出现红色汉字时，按"←"键，当出现黄色的汉字时按"↑"键,当出现蓝色的汉字时按"→"键。练习阶段有 10 个试次,正式任务阶段有 30 个试次。

(2) 颜色判断实验结束后,要求被试回答以下三个问题:(a) 你现在的心情是什么?(b) 为什么你会有这样的心情?(c) 你接下来打算怎么做?

(3) 填写积极消极情绪量表(PANAS)

要求被试在颜色任务前后填写 PANAS。该量表的中文版由邱林等人修订(邱林、郑雪、王雁飞,2008),分为积极情绪和消极情绪两个维度,积极情绪包括活跃的、热情的、快乐的、兴高采烈的、兴奋的、自豪的、欣喜的、充沛的、感激的;消极情绪包括难过的、害怕的、紧张的、惊恐的、易怒的、战战兢兢的、恼怒的。量表采用 5 点计分,从 1 到 5 程度依次增高(1 表示"非常轻微或完全没有",5 表示"非常强烈")。

本研究根据被试对上述 3 个问题的回答和 PANAS 量表综合评估个体的内疚情绪是否诱发成功。按照内疚的定义,问题 1 答案中应该出现表示"内疚、愧疚、难过、痛苦、伤心"一类的负性情绪;问题 2 应该出现将不好的结果归因于自身一类的回答;问题 3 应该出现补偿、道歉、重做、集中注意力认真做等一类的回答。只有被试的回答符合上述要求并且通过 PANAS 量表前测后测内疚情绪具有显著差异时,才能认定对被试内疚情绪的诱发是真实有效的。但当 PANAS 量表上报告出内疚情绪增加,然而被试对三个问题的回答却与内疚定义相冲突时,将被视为没有真正诱发出内疚情绪。例如,我感到十分高兴,因为我得到了更多的代币。此类结果将作为无效数据予以作废。

(4) 独裁者博弈游戏

告知被试你和搭档一起完成了本次实验,作为实验报酬,现在赠予你们小团队 10 个代币,实验结束后每个代币可以换成 1 元人民币。10 个代币的分配权由系统随机产生,当转盘指向你时,由你来分配代币,当转盘指向搭档时,则由搭档来分配代币。请按"N"键启动转盘,系统设置被试为分配者,其搭档为接受者。

三 研究结果

5 个被试的内疚情绪启动未能成功,其数据作为无效数据被剔除。实验中控制组有 5 人在中途退出，没有完成实验任务。最终得到的完整有效数据为 85 份。

（一）内疚情绪诱发有效性分析

对 PANAS 数据分析发现，实验组被试内疚情绪后测（M = 2.95，SD = 0.95）显著大于前测（M = 1.23，SD = 0.61），p = 0.001；控制组被试的内疚情绪前测（M = 1.38，SD = 0.80）和后测（M = 1.17，SD = 0.44）无显著差异，p = 0.11。

无论实验组还是控制组，其他情绪前测后测均无显著差异。

（二）内疚情绪对青少年亲社会行为的影响

实验组被试分配给搭档的代币数（M = 6.88，SD = 1.71）显著多于分配给自己的代币数（M = 3.12，SD = 1.71），p < 0.001；控制组被试分配给搭档的代币数（M = 5.31，SD = 1.24）与分配给自己的代币数（M = 4.69，SD = 1.24）无显著差异，p = 0.11。

四 讨论

作为自我意识的道德情绪，内疚情绪为个体自身行为与社会道德可接受性提供了及时、显著的反馈[1]。当个体违反道德规范、犯错或者违法时，伴随厌恶感的内疚情绪就会接踵而至，当做出道德行为时，内疚情绪就会随之消除。另外，经历内疚情绪的个体会特别关注自己的不道德行为或者可能的不道德行为给他人带来的消极后果，从而更有可能实施助人行为[2]。也有研究者从人际关系的角度出发，认为个体产生内疚后会具有补偿的倾向，如果有机会，个体会进行积极的补偿行为，借此来修复不良的人际关系[3]。本研究结果同样发现，当个体产生内疚情绪时，更有可能对他人进行补偿，做出亲社会行为。

---

[1] Ilies R., Peng A. C., Savani K. & Dimotakis, N., "Guilty and Helpful: An Emotion-based Reparatory Model of Voluntary Work Behavior", *Journal of Applied Psychology*, Vol. 98, 2013, pp. 1051 – 1059.

[2] Ongley S. F., Nola M. & Malti T., "Children's Giving: Moral Reasoning and Moral Emotions in the Development of Donation Behaviors", *Frontiers in Psychology*, Vol. 5, 2014, p. 458.

[3] De Hooge I. E., Nelissen R., Breugelmans S. M. & Zeelenberg M., "What Is Moral about Guilt? Acting 'Prosocially' at the Disadvantage of Others", *Journal of Personality and Social Psychology*, Vol. 100, 2011, pp. 462 – 473.

第三章

羞耻——"恼羞成怒"或"知耻后勇"

第一节 羞耻的两面性

羞耻对个体的影响犹如一把"双刃剑",一方面会引发某些心理病理症状,另一方面也是一种有效的行为调控机制。近年来,研究者开始关注羞耻对道德行为的影响,并从特质取向和状态取向两方面展开了研究。

一 特质羞耻与愤怒、攻击以及冒险行为

早期研究者对特质羞耻/羞耻倾向与愤怒、敌意、攻击行为之间的关系开展了研究。研究者认为特质羞耻的个体在体验羞耻时更容易产生愤怒情绪和攻击行为[1][2]。在一项对五年级儿童的研究中发现,特质羞耻与自我报告的愤怒以及教师评定的直接攻击行为相关[3]。然而在另一项关于大学生的研究中发现,特质羞耻与愤怒、敌意以及间接攻击行为(而非直接攻击行为)相关[4]。研究者认为,使用量表的不同造成了上述研究结果的差异。前一项研究使用愤怒反应量表(Anger Response Inventories,

---

[1] Lewis H. B., *Shame and Guilt in Neurosis*, International Universities Press, New York, 1971.
[2] Scheff T. J., "Two Studies of Emotion: Crying and Anger Control", *Contemporary Sociology*, Vol. 16, 1987, pp. 458–460.
[3] Tangney J. P., Wagner P. E., Burggraf S. A., Gramzow R. & Fletcher C., Children's Shame-proneness, But not Guilt-proneness, Is Related to Emotional and Behavioral Maladjustment. In Poster Presented at the Meeting of the American Psychological Society, 1991.
[4] Tangney J. P., Wagner P., Fletcher C. & Gramzow R., "Shamed into Anger? The Relation of Shame and Guilt to Anger and Self-reported Aggression", *Journal of Personality & Social Psychology*, Vol. 62, 1992, pp. 669–675.

ARIs），后一项研究使用 Buss-Durkee 敌意量表（Buss-Durkee Hostility Inventory），而 Buss-Durkee 敌意量表更多地考察愤怒和敌意，而非攻击行为①。该研究者采用 ARIs 对儿童、青少年、大学生和成人进行研究发现，特质羞耻与愤怒、敌意、直接攻击和间接攻击都相关。

最近一项研究指出，以往研究通常将施测量表的总分作为个体攻击行为的得分，而该总分通常包含了直接攻击、间接攻击因子以及愤怒、敌意因子的得分。当仅仅考察特质羞耻与直接攻击、间接攻击的关系时，发现两者并不相关，而是责备外化在其中起完全中介作用②。后续研究同样发现责备外化在特质羞耻与再犯罪预测之间的中介作用③。

研究发现特质羞耻与不安全性行为、酒驾等冒险行为呈正相关④，特质羞耻得分越高，其药物、酒精滥用行为越多⑤。还有研究发现特质羞耻能够预测青少年亲社会行为的减少⑥。

二 羞耻情绪与道德行为

上述研究发现，特质羞耻多与攻击、冒险行为相关，而关于羞耻情绪的研究发现其在一定情况下会促进道德行为。研究通过自我报告法诱发被试的羞耻状态，采用分钱两难游戏（a ten-coin give-some dilemma

---

① Tangney J. P., Wagner P. E., Hillbarlow D., et al., "Relation of Shame and Guilt to Constructive Versus Destructive Responses to Anger Across the Lifespan", *Journal of Personality and Social Psychology*, Vol. 70, 1996, pp. 797 – 809.

② Stuewig J., Tangney J. P., Heigel C., et al., "Shaming, Blaming, and Maiming: Functional Links Among the Moral Emotions, Externalization of Blame, and Aggression", *Journal of Research in Personality*, Vol. 44, 2010, pp. 91 – 102.

③ Tangney J. P., Stuewig J. & Martinez A. G., "Two Faces of Shame: The Roles of Shame and Guilt in Predicting Recidivism", *Psychological Science*, Vol. 25, 2014, pp. 799 – 805.

④ Stuewig J., Tangney J. P., Kendall S., et al., "Children's Proneness to Shame and Guilt Predict Risky and Illegal Behaviors in Young Adulthood", *Child Psychiatry & Human Development*, Vol. 46, 2015, pp. 217 – 227.

⑤ Dearing R. L., Stuewig J. & Tangney J. P., "On the Importance of Distinguishing Shame from Guilt: Relations to Problematic Alcohol and Drug Use", *Addictive Behaviors*, Vol. 30, 2005, pp. 1392 – 1404.

⑥ Roos S., Hodges E. V. & Salmivalli C., "Do Guilt and Shame-proneness Differentially Predict Prosocial, Aggressive, and Withdrawn Behaviors During Early Adolescence?", *Developmental Psychology*, Vol. 50, 2014, pp. 941 – 946.

game）考察被试的合作行为，结果发现，羞耻状态对合作行为没有影响[1]。研究者进一步考察了羞耻状态对合作行为的影响，该研究中加入了社会价值取向和情绪的内、外源（内源性情绪指情绪对行为的影响与引起该情绪的情境有关；反之为外源性情绪）两个因素，结果发现，不同社会价值取向（亲社会和亲自我）个体的内源性和外源性羞耻状态对其合作行为的影响不同，仅内源性羞耻状态会促进亲自我个体的合作行为[2]。国内研究者也发现了类似的结果，张琛琛通过阅读自编的故事材料诱发小学儿童的羞耻状态，采用"囚徒困境"任务考察其合作行为，结果发现，内源性羞耻状态能够促进小学生的合作行为[3]。杜灵燕发现，内源性羞耻状态能够促进初中生的助人行为，而外源性羞耻状态对助人行为没有影响[4]。

三　羞耻与道德行为：双通路多水平模型

研究者提出了双通路多水平模型（如图3—1所示）来解释羞耻与道德行为的关系，该模型提出了即时羞耻和预期羞耻过程以及多组织水平内和水平间的特质和情境因素，这些因素都在促进道德行为中发挥影响。即时羞耻会提供关于他人如何看待现实的不道德行为的反馈；而预期羞耻则提供关于个体未来道德选择和行为潜在后果的重要反馈[5]。具体介绍如下：

水平1：个体内的即时和预期羞耻体验

根据情绪的认知—评价理论，对于某一事件的不同解释会引发不同

---

[1] De Hooge I. E., Zeelenberg M. & Breugelmans S. M.,"Moral Sentiments and Cooperation: Differential Influences of Shame and Guilt", *Cognition and Emotion*, Vol. 21, 2007, pp. 1025 – 1042.

[2] De Hooge I. E., Breugelmans S. M. & Zeelenberg M.,"Not So Ugly After All: When Shame Acts as a Commitment Device", *Journal of Personality and Social Psychology*, Vol. 95, 2008, pp. 933 – 943.

[3] 张琛琛：《小学儿童羞耻情绪理解能力的发展及羞耻情绪对其合作行为的影响》，苏州大学硕士论文，2010年。

[4] 杜灵燕：《内疚与羞耻对道德判断、道德行为影响的差异研究》，中国地质大学硕士论文，2012年。

[5] Murphy S. A. & Kiffin-Petersen S.,"The Exposed Self: A Multilevel Model of Shame and Ethical Behavior", *Journal of Business Ethics*, Vol. 141, 2017, pp. 657 – 675.

的情绪反应及其特定的评价模式。羞耻似乎是由涉及自我责备的认知评价或与事件相关的对稳定的、整体的自我的负面评价引发,这种事件往往是费力且极度不愉快的。

命题1(a),个体将情绪事件(违规、无能)归因于整体自我失败,该事件是费力的、不愉快的,并且被认为是对个人的威胁,从而引发即时羞耻的情绪反应。

根据情绪反馈理论,个体可以从即时的羞耻情绪体验中进行学习,从而预期未来类似情境或事件会伴随哪些情绪反应,进而决定如何在类似情境中做出合适的行为反应。像即时羞耻的意识过程一样,预期羞耻也依赖于认知评价来将预期事件转化为可能的行动选择。但是,预期羞耻的反馈回路可能产生较弱的效果,个体很难知道如何改变自我以避免将来的羞耻体验。这也在一定程度上说明了为什么不道德行为持续发生。

命题1(b),个体将情绪事件(违规、无能)归因于将来可能的整体自我的失败,该事件被认为是对个人的威胁,从而引发预期羞耻的情绪反应。

Haidt将道德判断定义为"相对于由文化或亚文化形成的规则,个体对自身行为或品德的(好或坏)的评价"。羞耻与对个人品德或整体自我的负性评价相关;特定的情绪与道德判断的特定类型相关;羞耻的作用在于推动与他人认同或社会接受相关的评价(判断),例如我们是否合作、欺骗或遵从社会、文化规范和准则。该模型提出,对于自身品德与社会标准之间关系的道德判断或评估可以从羞耻中迅速而直观地产生。

命题2,个体越多的体验即时或预期羞耻情绪,越有可能在加工与社会接受程度相关的社会情绪信息时将自我评定为错的(坏的)。

羞耻的积极适应潜力往往被忽视,对羞耻事件的认知评价可能导致一系列适应性的个体道德行为,这些行为可能是亲自我或亲社会的。例如,个体的亲自我行为可能包括旨在修复自我伤害(包括学习)的自我提升活动。相应地,亲社会行为可能包括表达歉意并希望对所有受此事件影响的人进行补偿。

羞耻还可能引发四类消极行为:退缩(例如孤立自己)、回避(例如忽略、否认责任)、攻击他人(例如责备他人、言语或身体攻击)和攻击自我(例如反刍)。

命题 3，即时和预期羞耻与道德行为相关：个体越多地对自我进行正确的（好的）直觉性道德判断，越有可能表现出道德行为。

命题 4，即时和预期羞耻与不道德行为相关：个体越多地对自我进行错误的（坏的）直觉性道德判断，越倾向于做出不道德行为。

水平 2：即时和预期羞耻体验的个体间差异

羞耻倾向是一种人际差异，即对可能诱发羞耻的事件或想法的易感性差异。羞耻倾向个体更容易在失败或违规情境中体验到羞耻。相比低羞耻倾向个体，高羞耻倾向个体更容易在不同的情境中体验到羞耻，并且无论预期事件如何，他们更容易受到预期羞耻的影响。

命题 5（a），相比低羞耻倾向个体，高羞耻倾向个体在违规或失败事件中体验到更多的即时羞耻情绪。

命题 5（b），相比低羞耻倾向个体，高羞耻倾向个体更倾向于在对未来违规或失败事件的预期中体验到预期羞耻情绪。

研究发现，羞耻倾向个体更多地报告愤怒、敌意并将负性事件归咎于他人，羞耻情绪可以被转移到他人身上，从而保护自我免受对自我的威胁。许多研究证据支持上述观点，这些研究表明高羞耻倾向个体会参与更多针对他人或组织的反工作场所行为，包括滥用、破坏和生产偏差行为。羞耻倾向可能会对羞耻是否导致针对他人或组织的不道德行为产生直接（或间接）影响。

命题 6（a），羞耻倾向影响不道德行为：高羞耻倾向个体更有可能做出不道德行为。

对犯罪行为的研究发现，个体自我控制的缺失可能在个体是否从事不道德行为中起作用。自我控制特质被定义为"个体抑制不必要自动行为或倾向的能力"。自我控制能力低的个体难以预见他们行为的长期后果，当该个体同时具有高羞耻倾向时，则更容易做出不道德行为。

命题 6（b），自我控制和羞耻倾向共同影响不道德行为：较低自我控制和较高羞耻倾向的个体更有可能做出不道德行为。

水平 3：人际交互和羞耻

该水平关注羞耻如何在人际间接收和传达。在西方文化中，羞耻被认为是禁忌。人们耻于表达自己的羞耻，同时担心提及自己的羞耻会冒犯他人。这对人们表达羞耻，分享或交流其羞耻经验提出了很大的挑战。

由于个体控制自己的羞耻表达，因此其中可能涉及表面或深层的情绪调节。表层调节可能包括个体试图隐藏表达羞耻的行为，例如垂下眼睛或走开。高羞耻倾向个体更难隐藏自己的羞耻表达，缘于其羞耻情绪伴随较高的生理反应和皮质醇水平。工作规范以及来自表达更多的社会可接受情绪所产生的压力可能导致深层情绪调节，从而使得更难识别他人的羞耻倾向。

命题7（a），相比低羞耻倾向个体，高羞耻倾向个体在人际交往中会采用更多的表面和深层情绪调节策略。

命题7（b），（ⅰ）高情绪智力个体在面对人际交互中的羞耻情绪时会更多地采用适当的情绪调节策略（例如，寻求社会支持），而（ⅱ）高羞耻倾向个体会运用更多不恰当的情绪调节策略（例如，反刍，回避）。

在个体管理自己羞耻情绪的过程中，羞耻倾向和情绪智力特质共同影响情绪调节的程度。群体的情感基调同样影响个体如何管理和表达自己的羞耻倾向。

命题8，在对消极情绪表达持否定态度的群体中，个体会更多地对羞耻情绪进行情绪调节，从而避免表达羞耻可能带来的后果。

西方文化中关于羞耻的情绪调节越多，个体在感觉羞耻时就会引发更多的情绪反应。即时和预期羞耻的个体内生理经验会影响水平1的道德和不道德行为。

命题9，参与羞耻情绪调节的事件被知觉为情绪事件，个人经历的情感调节越多，情绪事件的发生率就越大。

水平4：群体和团队

团队中的心理安全气氛涉及团队成员对于"团体是人际风险承担的安全场所"的共同理解，这对其发展出应对羞耻事件的适应性反应尤为重要。团队的心理安全对于成员从错误中学习并持续努力改善其表现很重要。心理安全不仅仅是个体之间的相互信任，还包括相互尊重和愿意相互承担风险，并且知道其他组织成员会做出建设性回应而非惩罚性回应。心理安全和消极情绪的积极表达规则对于鼓励团队成员说出违规事件，而不是以破坏性行为对其做出反应或参与不道德行为至关重要。

命题10，群体情感基调会影响情绪事件，在群体中具有高度心理安全的个体更可能报告情绪事件（如越轨、无能等）。

对管弦乐队的音乐家进行的定性研究发现，当音乐家被同行告知他的表演不令人满意时会出现羞耻情绪。质疑音乐家的表演能力会引发强烈的负性情绪，因为这会威胁到他们的专业认同及就业前景[①]。反过来，这些情绪最终有可能导致他们退出组织。当过多（或较少）参与影响同伴的决策过程时，具有专业认同和强烈社会连接的组织成员也会体验负性情绪（如羞耻）。强大的、共同的社会认同和社会认同威胁会引发羞耻。

命题11，群体情感基调会影响不道德行为，处于具有强烈社会认同、支持不道德行为和低心理安全的群体中的个体将参与更多的不道德行为。

命题12，群体情感基调会影响道德行为，处于具有强烈社会认同、支持道德行为和高心理安全的群体中的个体将参与更多的道德行为。

群体羞耻涉及被公开暴露为无能、不受控制、虚弱甚至可能在别人眼中是令人恶心的。心理安全感低的群体且群体中的个体具有强烈的社会认同和高水平的群体羞耻倾向，该群体可能经历更高水平的群体羞耻。

命题13，群体情感基调会影响群体羞耻，处于具有强烈社会认同、低心理安全和高羞耻倾向的群体中的个体会体验到更多的群体羞耻。

群体羞耻能够引发亲社会行为，旨在修复已经造成的损失并恢复团体的声誉和自我形象。群体羞耻可能导致群体成员在其自身形象受到威胁时对其他群体成员产生敌意。随着时间的推移，群体成员会形成一种关于他们如何看待自己的群体认同感以及关于群体共同命运的信念。违背群体或未对群体目标作出充分贡献会引发羞耻和无能感。"黑羊效应"（black sheep effect；群体内外成员的评估标准不同）也对羞耻唤起有影响。

命题14，群体羞耻与群体的道德水平呈正相关，群体规则是对约束道德行为的社会规则的补充。

---

① Maitlis S. & Ozcelik H., "Toxic Decision Processes: A Study of Emotion and Organizational Decision Making", *Organization Science*, Vol. 15, 2004, pp. 375–393.

羞耻能够调节个体行为，使其符合社会规范。然而当群体中已经存在不道德行为时，羞耻可能会产生负面影响。当群体中的不道德行为常态化时，群体认同会加强不道德行为并且减少羞耻对此类行为的抑制程度。

命题 15，当群体规范与支配道德行为的社会规范相违背时，群体羞耻与群体的不道德行为正相关。

水平 5：组织文化，风气和羞耻

命题 16（a），组织文化与情绪事件相关，羞耻的组织文化会增加个体涉及不道德行为时体验即时和预期羞耻情绪的可能性。

命题 16（b），组织文化与情绪事件相关，道德的组织文化会减少个体涉及不道德行为时体验即时和预期羞耻情绪的可能性。

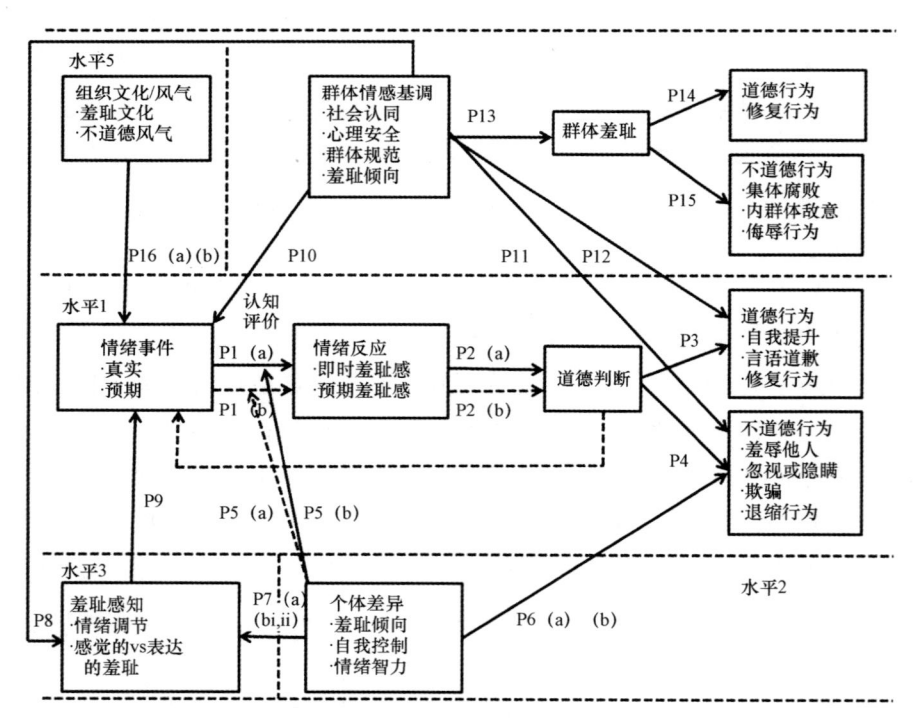

图 3—1　羞耻和道德行为的双通路多水平模型
（来自 Murphy 和 Kiffin-Petersen，2017）

第二节 普通中学生特质羞耻与攻击行为的关系

一 研究目的

攻击行为是指向另一个个体,意图并对其造成实质性伤害的行为①。近年来,青少年的攻击行为呈现日益增加的趋势,已经成为世界公认的重大公共安全问题②,也是心理学研究的热点问题③。美国国家青少年健康信息中心2007年的调查显示:青少年攻击行为已成为10—24岁个体的第二大死亡因素。攻击行为严重影响了青少年的身心健康、学业进步、人格发展及社会适应④,并会增加青少年犯罪的风险⑤。因此,探索青少年攻击行为的影响因素及其作用机制显得尤为重要⑥。

一般攻击模型(General Aggressive Model,GAM)认为,攻击行为的产生机制是:首先,以个体因素与情境因素作为输入变量,激活个体的内在信息加工模式;其次,个体的内在信息加工模式对输入变量进行认知处理后,激活攻击图式;最后,个体按照激活的攻击图式指引,引发攻击行为⑦⑧。个体因素包括个体的信念、态度、人格特质等,情境因素

---

① Anderson C. A. & Bushman B. J.,"Human Aggression", *Annual Review of Psychology*, Vol. 53, 2002, pp. 27 – 51.

② 李董平、张卫、李丹黎等:《教养方式、气质对青少年攻击的影响:独特、差别与中介效应检验》,《心理学报》2012年第44期。

③ 夏天生、刘君、顾红磊等:《父母冲突对青少年攻击行为的影响:一个有调节的中介模型》,《心理发展与教育》2016年第32期。

④ Gini G., Pozzoli T., Lenzi M. & Vieno A.,"Bullying Victimization at School and Headache: A Meta-analysis of Observational Studies", *Headache*, Vol. 54, 2014, pp. 976 – 986.

⑤ Kabasakal Z. & Baş A. U.,"A Research on Some Variables Regarding the Frequency of Violent and Aggressive Behaviors Among Elementary School Students and Their Families", *Procedia-Social and Behavioral Sciences*, Vol. 2, 2010, pp. 582 – 586.

⑥ 孙丽君、杜红芹、牛更枫等:《心理虐待与忽视对青少年攻击行为的影响:道德推脱的中介与调节作用》,《心理发展与教育》2017年第33期。

⑦ Anderson C. A. & Bushman B. J.,"Human Aggression", *Annual Review of Psychology*, Vol. 53, 2002, pp. 27 – 51.

⑧ Dewall C. N., Anderson C. A. & Bushman B. J.,"The General Aggression Model: Theoretical Extensions to Violence", *Psychology of Violence*, Vol. 1, 2011, pp. 245 – 258.

是情境中触发或抑制攻击行为的各种条件，包括攻击性线索、挫折、疼痛与不适等。输入变量通过改变个体的内部认知状态而影响最终的行为。其中，羞耻易感性作为一种重要的人格特质，它对攻击行为的预测作用逐渐受到关注。羞耻易感性指的是个体的一种反应倾向或情绪特质，即在评价性环境中个体容易体验到羞耻情绪[1]。多数研究发现，人们（包括青少年）的羞耻易感性与其冒险行为、攻击行为呈正相关[2][3]。但是，在生活中面对同样的冲突情境，为什么那些羞耻易感性水平高的青少年倾向于选择拍案而起，而那些羞耻易感性水平低的青少年却能够泰然处之呢？该问题需要研究者对羞耻易感性影响青少年攻击行为的心理机制进行探讨。

羞耻是一种指向自我的痛苦、难堪、耻辱的负性情感体验，自我是这种体验中被审视和给予负性评价的中心。羞耻的罗盘理论认为，羞耻者可能产生沮丧、消极、退缩、渺小、无价值和无力感，并伴随否认、隐藏或逃避的防御反应。羞耻者还可能产生责备外化（他人）的认知情绪调节方式以及愤怒和敌意的攻击性内在状态，进而产生攻击行为。那么羞耻易感性水平高的青少年是否更容易产生责备外化的认知情绪调节方式以及愤怒和敌意的攻击性内在状态，从而更容易产生攻击行为呢？

基于上述讨论，本研究综合考察责备外化、愤怒和敌意在羞耻易感性引发攻击行为中的作用，提出了羞耻易感性影响攻击行为的整合模型。

（一）责备外化的中介作用

责备外化是一种认知情绪调节方式，指个体以认知的方式调节负性事件所引起的情绪反应。持有责备外化这一认知情绪调节方式的人倾向于将自己所应承担的责任推卸给他人。责备外化并不仅仅是"事后"合理化（"after the fact" rationalization），而是个体持有的信念和态度，该信

---

[1] 高隽、钱铭怡、王文余：《羞耻和一般负性情绪的认知调节策略》，《中国临床心理学杂志》2011年第19期。

[2] Tangney J. P., Wagner P. E., Hillbarlow D., et al., "Relation of Shame and Guilt to Constructive Versus Destructive Responses to Anger Across the Lifespan", *Journal of Personality and Social Psychology*, Vol. 70, 1996, pp. 797–809.

[3] Åslund C, Leppert J., Starrin B. & Nilsson K. W., "Subjective Social Status and Shaming Experiences in Relation to Adolescent Depression", *Archives of Pediatrics & Adolescent Medicine*, Vol. 163, 2009, pp. 55–60.

念和态度理论上会导致反社会行为,尤其是攻击行为。实证研究发现,羞耻易感性个体更易采取产生责备外化的方式,以及更易出现攻击行为[①]。据此,本研究假设:责备外化在羞耻易感性和攻击行为间起中介作用。

(二)愤怒和敌意的中介作用

已有大量研究者发现,愤怒对攻击行为具有显著的预测作用[②]。高特质愤怒个体更容易在驾驶、工作和家庭中出现攻击行为[③][④]。研究者对羞耻易感性与愤怒、攻击行为之间的关系开展了研究,结果发现,高羞耻易感性个体更容易产生愤怒情绪和攻击行为[⑤]。

敌意解释的倾向是攻击行为的一个重要预测变量[⑥]。研究者考察了羞耻易感性与愤怒、敌意和攻击行为的关系,结果发现,羞耻易感性与愤怒、敌意以及攻击行为相关。另有研究结果表明,在模糊情境下,特质愤怒水平较高的个体更容易形成带有敌意偏见的解释[⑦];并且愤怒可以通过敌意影响攻击行为[⑧]。

---

① Muris P. & Meesters C., "Small or Big in the Eyes of the Other: On the Developmental Psychopathology of Self-conscious Emotions as Shame, Guilt, and Pride", *Clinical Child and Family Psychology Review*, Vol. 17, 2014, pp. 19–40.

② 刘文文、江琦、任晶晶等:《特质愤怒对攻击行为的影响:敌意认知和冲动性水平有调节的中介作用》,《心理发展与教育》2015年第31期。

③ Maldonado R. C., Watkins L. E. & Dilillo D., "The Interplay of Trait Anger, Childhood Physical Abuse, and Alcohol Consumption in Predicting Intimate Partner Aggression", *Journal of Interpersonal Violence*, Vol. 30, 2015, pp. 1112–1127.

④ Nesbit S. M. & Conger J. C., "Predicting Aggressive Driving Behavior from Anger and Negative Cognitions", *Transportation Research Part F Traffic Psychology & Behaviour*, Vol. 15, 2012, pp. 710–718.

⑤ Furukawa E., Tangney J. & Higashibara F., "Cross-cultural Continuities and Discontinuities in Shame, Guilt, and Pride: a Study of Children Residing in Japan, Korea and the Usa", *Self & Identity*, Vol. 11, 2012, pp. 90–113.

⑥ Dodge K. A., Malone P. S., Lansford J. E., et al., "Hostile Attributional Bias and Aggressive Behavior in Global Context", *Proceeding of National Academic Sciences*, Vol. 112, 2015, pp. 9310–9315.

⑦ De Jong J. M., *In the Mind of the Beholder: An ERP Analysis of the Relation Between Hostile Attribution and Trait Anger*, Erasmus University Master's Thesis, 2014.

⑧ 侯璐璐、江琦、王焕贞、李长燃:《特质愤怒对攻击行为的影响:基于综合认知模型的视角》,《心理学报》2017年第49期。

一般攻击模型具体介绍了输入变量（个体因素和情境因素）通过激活个体内在状态最终影响结果行为（攻击或非攻击）的过程。该模型正是强调了作为个体内在状态的攻击性情绪（愤怒）和认知（敌意）在攻击模型中的中介作用（应贤慧、戴春林，2008）[①]。

（三）羞耻易感性、责备外化、愤怒、敌意的关系

研究者发现，羞耻易感性、责备外化、愤怒和敌意之间正相关。另有研究者发现，羞耻易感性不仅与愤怒直接相关，还可通过责备外化与愤怒相关[②]。

综上所述，本研究拟探讨青少年羞耻易感性、责备外化、愤怒、敌意和攻击行为之间的关系。根据一般攻击模型，同时基于以往研究，本研究提出上述假设。本研究旨在对羞耻易感性影响攻击行为的机制进行系统的探讨，以期为有效控制高羞耻易感性个体的攻击行为提供实践上的指导。

二 研究方法

（一）被试

首先按整群抽样方法，于山东省某市抽取高中、初中学校各一所，然后以分层随机抽样方式，在初一、初二、初三、高一、高二和高三这六个年级中各抽取七个班级，发放并回收问卷1610份。剔除部分问卷回答不完整、答案全部一致或者具有明显规律的虚假作答问卷，最终获得有效问卷1489份，有效率92.48%。初一282人，其中男生160人，女生122人；初二199人，其中男生103人，女生96人；初三222人，其中男生99人，女生123人；高一269人，其中男生102人，女生164人，其中三人未标明性别；高二263人，其中男生113人，女生150人；高三254人，其中男生107人，女生147人。

（二）研究工具

（1）自我意识情绪问卷——青少年版（Test of Self-Conscious Affect for

[①] 应贤慧、戴春林：《中学生移情与攻击行为：攻击情绪与认知的中介作用》，《心理发展与教育》2008年第24期。

[②] Bear G. G., Uribe-Zarain X., Manning M. A. & Shiomi, K., "Shame, Guilt, Blaming, and Anger: Differences Between Children in Japan and the US", *Motivation & Emotion*, Vol. 33, 2009, p. 229.

Adolescents，TOSCA-A）

该问卷由 Tangney 和 Dearing 编制，为情境式测量问卷[①]。问卷由 15 个在生活中常见的情境组成题干，每个情境下有 4—5 个选项，每个选项代表在此种情境下可能出现的不同反应，不同的反应表示体验到不同的自我意识情绪。问卷采用 Likert 五点计分法，"1"表示"完全不可能"，"5"表示"非常可能"。被试根据自己的实际情况对每个选项进行评估，以此测得不同自我意识情绪的倾向性。该问卷共 6 个分量表，分别是羞耻、内疚、α 自豪、β 自豪、责备外化和疏离。刘慧芳对该问卷进行了修订，并将题目由 15 个增加至 24 个，修订后的问卷具有较好的信效度[②]。本研究采用的是羞耻和责备外化分量表。

经过探索性和验证性因素分析，删除因素载荷较低的 4 个题目，剩余 16 个题目。在删除题目后，羞耻分量表 Cronbach α 系数为 0.85。交叉效度检验结果证明该问卷结构效度良好（$\chi^2/df = 5.06$，GFI = 0.90，CFI = 0.84，TLI = 0.82，RMSEA = 0.07）。

责备外化分量表 Cronbach α 系数为 0.72。交叉效度检验结果证明问卷的结构效度良好（$\chi^2/df = 3.16$，GFI = 0.95，CFI = 0.89，TLI = 0.86，RMSEA = 0.06）。

（2）攻击行为量表（The Aggression Questionnaire）

采用 Buss 和 Perry（1992）编制的攻击行为问卷，包括身体攻击、言语攻击、愤怒和敌意四个分量表共 29 个条目；前 14 个项目测量个体攻击行为，包含身体攻击、言语攻击两个维度，后 15 个项目测量个体攻击性的内在状态，即攻击性情绪和认知，含愤怒和敌意两个维度[③]。由于本研究是对个体的攻击行为进行测量，即采用面对面的直接攻击形式，如打架、辱骂以及其他形式的身体攻击和言语攻击等外部攻击行为，因此采用问卷的前两个维度——身体攻击和言语攻击测查个体的攻击行为。问

[①] Tangney J. P. and Dearing R. L.，*Shame and Guilt*，New York，NY：The Guilford Press，2002.

[②] 刘慧芳：《自我意识情绪测验——青少年版》（TOSCA-A）的初步修订，天津师范大学硕士论文，2016 年。

[③] Buss A. H. & Perry, M.，"The Aggression Questionnaire"，*Journal of Personality and Social Psychologylogy*，Vol. 63，1992，pp. 452–459.

卷采用1（完全不符合）—5（完全符合）评分方式，5级评分得分越高，表明攻击行为越频繁。采用探索性因素分析和验证性因素分析，删掉身体攻击维度和言语攻击维度因素载荷较低的题目各1个。在删除题目后，攻击行为问卷的 Cronbach α 系数为 0.82。交叉效度检验发现问卷的结构效度良好（χ^2/df = 3.59，GFI = 0.96，CFI = 0.95，TLI = 0.94，RMSEA = 0.06）。

如前所述，本研究关注愤怒和敌意在羞耻易感性和攻击行为中的中介作用。参照以往研究，采用攻击行为问卷的愤怒和敌意维度，愤怒分量表的 Cronbach α 系数为 0.72，交叉效度检验结果证明愤怒分量表结构效度良好（χ^2/df = 3.31，GFI = 0.98，CFI = 0.97，TLI = 0.95，RMSEA = 0.06）。敌意分量表的 Cronbach α 系数为 0.77，交叉效度检验发现敌意分量表结构效度良好（χ^2/df = 4.35，GFI = 0.97，CFI = 0.95，TLI = 0.93，RMSEA = 0.07）。

（三）施测过程与数据处理

采用统一指导语，由经过专业培训的心理学专业研究生对调查对象进行集体或个体施测，并向被试说明问卷的保密性、填写的真实性、填写的注意事项以及填写方法，在被试理解后单独作答，完成后当场收回问卷。整个测试流程大约15分钟。对不符合条件的被试进行剔除，然后用 SPSS 20.0、AMOS 17.0 和 Process 2.16 进行数据处理与分析。

首先，进行描述性统计分析并且采用 Person 相关分析对各主要变量之间的相关关系进行探讨。然后，在相关分析的基础上，采用结构方程技术对羞耻易感性与攻击行为之间的关系以及责备外化、敌意和愤怒的中介作用进行分析。此外，根据温忠麟、侯杰泰和马什赫伯特（2004）的建议，将近似误差均方根（RMSEA）在 0.08 以下，比较拟合指数（CFI）、非规范拟合指数（TLI）等指数在 0.90 以上作为拟合指数良好的标准。

（四）共同方法偏差检验

为了避免共同方法偏差对结果的影响，我们在施测过程中对问卷的反应方式、反应语句、作答时的匿名性、保密性等进行程序控制。问卷回收之后，我们进行了 Harman 单因素检验，即对所有题目进行探索性因素分析，结果显示，未旋转主成分分析共有 10 个因子的特征值大于 1 且第一个因子解释的变异量仅为 10.12%，根据 Ashford 和 Tsui（1991）的判定标准，如果得到了多个特征值大于 1 的因子且第一个因子解释的变异量不超过 40%，则表明共同方法变异不严重。因此，本研究的共同方法偏差问题不严重。

在 Harman 单因素检验的基础上，研究者进一步使用了"控制未测单一方法潜因子法"对共同方法进行检验①。具体而言，就是将所有题目除了负荷在所属构念因子上，还负荷在同一未知的方法潜因子上，然后比较两个模型的差异。结果显示，原模型拟合指数为：$\chi^2/df = 4.36$，GFI = 0.83，CFI = 0.79，TLI = 0.78，RMSEA = 0.05；加入共同方法因子后，模型拟合指数为：$\chi^2/df = 3.52$，GFI = 0.87，CFI = 0.85，TLI = 0.83，RMSEA = 0.04。$\Delta\chi^2/\Delta df$ 不显著，因此可以认为，本研究中的共同方法偏差问题不严重。

三 研究结果

（一）描述性统计与相关分析

对主要变量进行 Pearson 相关分析发现，各主要变量之间呈显著的正相关关系。具体如表 3—1 所示。

表 3—1　　　　　描述性统计结果和变量间的相关分析

变量	1	2	3	4	5	M ± SD
1. 羞耻易感性	1					45.83 ± 10.37
2. 责备外化	0.27***	1				33.24 ± 6.58
3. 愤怒	0.28***	0.24***	1			21.32 ± 6.46
4. 敌意	0.41***	0.30***	0.64***	1		24.60 ± 7.85
5. 攻击行为	0.19***	0.35***	0.68***	0.64***	1	43.90 ± 13.01

（二）羞耻易感性影响攻击行为的多重中介模型检验和分析

根据相关分析的结果可知，羞耻易感性、责备外化、愤怒、敌意与

---

① 熊红星、张璟、叶宝娟等：《共同方法变异的影响及其统计控制途径的模型分析》，《心理科学进展》2012 年第 20 期。

攻击行为之间两两相关，符合多重中介模型检验的要求，因此，将进一步采用结构方程模型以羞耻易感性为自变量、攻击行为为因变量，探讨责备外化、愤怒、敌意的中介效应。交叉效度检验证明该模型的拟合指数良好：$\chi^2/df = 5.03$，GFI = 0.99，CFI = 0.99，TLI = 0.95，RMSEA = 0.08。进一步对模型中的路径进行分析发现（见图3—2），羞耻易感性对攻击行为有显著的预测作用（$\beta = -0.03$，$t = -6.42$，$p < 0.001$），羞耻易感性到愤怒（$\beta = 0.13$，$t = 9.21$，$p < 0.001$）、愤怒到攻击行为（$\beta = 0.18$，$t = 17.32$，$p < 0.001$）之间的路径系数显著，羞耻易感性到敌意（$\beta = 0.14$，$t = 11.04$，$p < 0.001$）、敌意到攻击行为（$\beta = 0.12$，$t = 13.27$，$p < 0.001$）之间的路径系数显著，羞耻易感性到责备外化（$\beta = 0.17$，$t = 10.67$，$p < 0.001$）、责备外化到攻击行为（$\beta = 0.05$，$t = 8.59$，$p < 0.001$）之间的路径系数显著，责备外化到愤怒（$\beta = 0.16$，$t = 7.04$，$p < 0.001$）、责备外化到敌意（$\beta = 0.11$，$t = 5.64$，$p < 0.001$）、愤怒到敌意（$\beta = 0.63$，$t = 27.80$，$p < 0.001$）的路径系数显著。中介效应分析见表3—2。

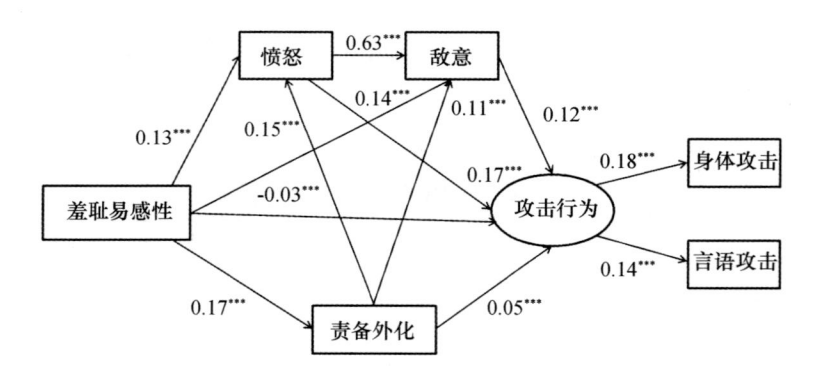

图3—2 羞耻易感性、责备外化、愤怒、敌意和攻击行为之间的关系模型

表3—2　　　　　　　　　　中介效应分析

路径	间接效应值	BootstrapSE	Boot CI 下限	Boot CI 上限
羞耻易感性→愤怒→攻击行为	0.15	0.01	0.12	0.18
羞耻易感性→敌意→攻击行为	0.21	0.02	0.18	0.24
羞耻易感性→责备外化→攻击行为	0.06	0.01	0.05	0.08

续表

路径	间接效应值	BootstrapSE	Boot CI 下限	Boot CI 上限
羞耻易感性→愤怒→敌意→攻击行为	0.22	0.02	0.18	0.25
羞耻易感性→责备外化→愤怒→攻击行为	0.18	0.02	0.15	0.21
羞耻易感性→责备外化→敌意→攻击行为	0.23	0.02	0.20	0.26
羞耻易感性→责备外化→愤怒→敌意→攻击行为	0.24	0.02	0.21	0.27

四 讨论

当前，中学校园攻击事件屡见报端，引起了全社会的广泛关注，因此，有必要对青少年的攻击行为进行充分研究。本研究采用问卷调查的方法，通过建立结构方程模型考察了羞耻易感性与攻击行为之间的关系，以及愤怒、敌意和责备外化的中介作用。

（一）羞耻易感性对攻击行为的效应讨论：羞耻易感性的两面性

本研究发现了羞耻易感性与攻击行为的"不一致中介效应"（Inconsistent Mediation，MacKinnon，Fairchild & Fritz，2007），即直接效应和间接效应的作用方式相反。直接效应下，羞耻易感性与攻击行为正相关，但加入中介变量后，羞耻易感性与攻击行为负相关。类似的"不一致中介效应"在以往研究中也有发现[1]。研究者认为羞耻易感性引发的回避动机可能导致了两种不同的作用路径，回避动机可能会直接抑制攻击行为或通过责备外化、愤怒、敌意间接促进攻击行为。

本研究结果揭示了羞耻易感性的两面性：一些情况下它是不利因素，会引发责备外化、愤怒情绪和敌意认知，而不是承担失败/违规的责任和后果，从而导致攻击行为；另一些情况下它又是潜在力量。已有研究发现，羞耻易感性与修复、道歉等亲社会动机相关。研究者认为个体对羞耻事件的不同评价会引发不同的行为动机。当个体对羞耻事件做出特定自我概念而不是整体自我概念受损的评价时，引发亲社会行为；反之引

---

[1] Tangney J. P., Stuewig J. & Martinez A. G., "Two Faces of Shame: The Roles of Shame and Guilt in Predicting Recidivism", *Psychological Science*, Vol. 25, 2014, pp. 799–805.

发防御甚至攻击动机①。

(二) 责备外化、愤怒和敌意的间接效应

从认知新联想理论的角度看，与攻击有关的思维、情感和行为在记忆中是一个联合的网络。这个网络的任何部分一旦被激活，相关的概念也会相互传播激活。对于高羞耻易感性个体而言，他们的责备外化、愤怒情绪、敌意认知与记忆的相互联系比低羞耻易感性更为紧密，因而他们更加习惯性地获取责备外化的调节方式、愤怒情绪和敌意认知，而这些因素更倾向于引发攻击行为。其次，研究者认为，在人类的认知加工系统中可能存在威胁性评估系统，这一系统对于信息的威胁性评估具有一个阈限，如果威胁性程度在这个阈限以内，系统就会忽略这个信息。而高羞耻易感性个体的威胁性评估系统可能有更低的阈限值，更易引发上述思维、情感方式，做出攻击行为②。

另外，本研究发现敌意认知在羞耻易感性和攻击行为间起着主要间接效应（占总间接效应的 16.28%），这与社会信息加工理论的观点是一致的。社会信息加工理论认为，决定个体行为的关键不仅在于情境刺激，更主要是由于个体对这种情境刺激的加工和解释方式，个体对敌意情境刺激的认知加工和解释方式决定了其在该情境下的反应。高羞耻易感性个体可能更容易对羞耻情境做出敌意认知，进而引发攻击行为。

(三) 研究价值与局限

本研究具有重要的理论价值和实践意义。理论上，有助于理解羞耻易感性"怎样"影响个体的攻击行为，进而丰富羞耻易感性对攻击行为影响机制的理论研究；同时也为一般攻击模型提供了一定的实证依据。实践上，根据了解羞耻易感性个体攻击行为发生的内部机制从而提出更具有针对性的措施以减少攻击行为的发生。

该研究结果还对学校的道德教育具有一定的启示。羞耻教育是道德教育的核心和关键，从古至今，我国都非常重视青少年的羞耻教育。孔

---

① Gausel N. , Vignoles V. L & Leach C. W. , "Resolving the Paradox of Shame: Differentiating Among Specific Appraisal-feeling Combinations Explains Pro-social and Self-defensive Motivation", *Motivation & Emotion*, Vol. 40, 2015, pp. 1 – 22.

② Mathews A. & MacLeod C. , "Induced Processing Biases Have Causal Effects on Anxiety", *Cognition & Emotion*, Vol. 16, 2002, pp. 331 – 354.

子、孟子将"知耻"作为青少年的"修身之要"。2006年3月12日，教育部发布重要通知，要求有关教育部门必须把中小学生的羞耻教育作为青少年德育和思想道德建设的重中之重。那么如何进行羞耻教育？本研究结果发现，个体长期以来形成的羞耻倾向具有两面性，教会学生正确看待羞耻事件，形成正确评价和情绪，才能发挥羞耻的积极作用。

本研究也存在许多不足。首先，对个体攻击性内在状态的测量采用攻击行为问卷的愤怒和敌意维度，不可避免地会存在高相关来影响研究结果；其次，本研究虽然探讨了责备外化、愤怒和敌意的部分中介作用，但除此之外，是否还存在其他可能的中介变量，还需要进一步探讨。另外，本研究采用问卷调查法得出的结论并不能作为因果结论的证据，因此，建议使用实验法得到更多直接有效的证据。

第三节 职高生特质羞耻、特质内疚与攻击行为关系的对比研究

一 研究目的

特质羞耻和特质内疚反映了个体的一种反应倾向或情绪特质，即个体较容易体验到羞耻和内疚情绪。通过以往研究发现，特质羞耻与攻击行为、冒险行为正相关，而特质内疚与攻击行为负相关。目前的研究主要是在西方文化背景下进行的，基于中西方的文化差异，本研究试图在中国文化背景下考察特质羞耻、特质内疚对攻击行为的影响。

二 研究方法

（一）被试

采用方便取样法，从兰州理工大学中专部抽取中职生200名进行问卷调查，其中男生23名（11.50%），女生177名（88.50%）；初中生146名（73%），高中生54名（27%）。回收整理后获得有效问卷189份，有效回收率为94.50%。

（二）研究工具

（1）自我意识情感量表

该量表由Tangney编制，刘慧芳对其进行了修订，信效度较好，可用

于本研究。该问卷共包含 24 个日常生活中常见的场景，每个场景后分别是对于羞耻、内疚、自豪、责备外化和疏离反应的描述。研究者要求被试想象自己处于上述场景中，并回答出现上述反应的可能性。责备外化倾向是指将个人行为的后果归咎到别人或环境上，疏离倾向测量的则是对情境及其后果的情绪卷入程度。Tangney 认为，责备外化和疏离都是对羞愧和内疚的防御反应。责备外化可以减少痛苦的自我觉知，消极的自我觉知会让人感到不适，这时人们会通过将责备转向外部来减少这种痛苦。疏离则是试图掩饰或隐藏个人的情绪表达，希望处境悄悄地过去而不被人注意到，或者是努力去减少处境在认知和情绪上的重要性，与其保持距离，即采取疏离或漠不关心的态度。

（2）攻击问卷

目前，国内较多研究采用 Buss-Warren 的攻击问卷中国修订版（Buss-Warren Aggression Questionnaire Revised in China，BWAQ-RC，简称 AQ 问卷）来测量青少年的攻击行为。该问卷共包含 5 个分量表，分别是身体攻击、言语攻击、间接攻击、愤怒和敌意。

三 研究结果

（一）特质羞耻、攻击行为与责备外化的一般状况和相关分析

在控制性别和年级的条件下进行偏相关分析，结果发现，攻击行为的敌意维度、特质羞耻和责备外化两两之间均呈显著正相关（如表3—3所示）。

表3—3　　描述性统计结果和变量间的相关分析

	M	SD	1	2	3	4	5	6	7
1 特质羞耻	61.10	9.68	1						
2 身体攻击	16.21	7.26	0.05	1					
3 言语攻击	13.86	3.53	0.10	0.52***	1				
4 间接攻击	14.00	4.64	0.05	0.66***	0.61***	1			
5 愤怒	18.71	5.61	0.04	0.63***	0.54***	0.61***	1		
6 敌意	21.76	6.30	0.32***	0.56***	0.56***	0.65***	0.61***	1	
7 责备外化	34.96	5.94	0.31***	0.29***	0.24***	0.28***	0.27***	0.26***	1

(二) 特质羞耻对敌意的影响：责备外化的中介作用

在控制性别和年级的条件下，中介效应分析的结果表明，特质羞耻能显著正向预测责备外化（β=0.18，p<0.001），当特质羞耻和责备外化同时进入回归方程时，特质羞耻和责备外化都能显著正向预测敌意（β=0.17，p<0.001；β=0.20，p<0.05）（如表3—4所示）；且平均间接效应（a*b）为0.04，BootstrapSE=0.02，置信区间为 [0.01，0.09]，不包括0。因此责备外化在特质羞耻和敌意影响中的中介效应显著，中介效应占总效应的比例为19.05%。

表3—4　中介效应的逐步回归分析

回归方程		整体拟合指数		回归系数显著性			
结果变量	预测变量	R^2	F	β	Bootstrap 下限	Bootstrap 上限	p
责备外化	年级	0.16	11.36	1.05	0.41	1.69	<0.05
	性别			0.90	-1.73	3.53	0.50
敌意	特质羞耻（a）	0.16	8.28	0.18	0.10	0.26	<0.001
	年级			0.50	-0.20	1.20	0.16
	性别			-1.16	-3.97	1.64	0.41
	特质羞耻			0.17	0.08	0.26	<0.001
	责备外化（b）			0.20	0.04	0.36	<0.05

(三) 特质内疚、攻击行为和责备外化的相关分析

在控制性别和年级的条件下进行偏相关分析，结果发现特质内疚、攻击行为和责备外化两两之间均显著相关（如表3—5所示）。

表3—5　描述性统计结果和变量间的相关分析

	M	SD	1	2	3
1 特质内疚	80.30	8.59	1		
2 责备外化	35.06	5.87	-1.92*	1	
3 攻击行为	84.14	22.91	-0.15*	0.31**	1

(四) 特质内疚对攻击行为的影响：责备外化的中介作用

在控制性别和年级的条件下，中介效应分析的结果表明，特质内疚能显著负向预测责备外化（β = -0.13，p < 0.05），当特质内疚和责备外化同时进入回归方程时，责备外化能显著正向预测攻击行为（β = 1.14，p < 0.001）（如表3—6所示）；且平均间接效应（a*b）为 -0.15，BootstrapSE = 0.07，置信区间为 [-0.32, -0.04]，不包括0。因此责备外化在特质内疚和攻击行为中的中介效应显著，中介效应占总效应的比例为36.59%。

表3—6　　　　　　　　　中介效应的逐步回归分析

回归方程		整体拟合指数		回归系数显著性			
结果变量	预测变量	R^2	F	β	Bootstrap 下限	Bootstrap 上限	p
责备外化	年级	0.12	7.67	1.01	0.35	1.66	<0.01
	性别			0.33	-2.28	2.93	0.81
攻击行为	特质内疚（a）	0.15	7.69	-0.13	-0.23	-0.03	<0.05
	年级			2.26	-0.31	4.83	0.08
	性别			-5.87	-15.85	4.12	0.25
	特质内疚			-0.26	-0.65	0.13	0.19
	责备外化（b）			1.14	0.57	1.71	<0.001

四　讨论

（一）特质羞耻、责备外化和攻击行为的相关和中介效应

相关分析的结果表明，特质羞耻与责备外化呈正相关，而特质羞耻、责备外化均与攻击行为中的敌意维度呈正相关。以往许多研究发现，特质羞耻与责备外化正相关[1]，即具有较高羞耻倾向的个体更倾向于采取责备外化的方式，而不是为错误/失误承担责任。以往研究还发现，特质羞

---

[1] Bear G. G., Uribe-Zarain X., Manning M. A. & Shiomi K., "Shame, Guilt, Blaming, And Anger: Differences Between Children in Japan and the US", *Motivation & Emotion*, Vol. 33, 2009, p. 229.

耻与攻击行为的身体/言语攻击维度相关①，并且特质羞耻与愤怒、间接敌意相关。本研究发现，特质羞耻与攻击行为的敌意维度相关，这说明在中国文化背景下，特质羞耻个体更容易表现出敌意情绪，但没有出现进一步的外显攻击行为。本研究还发现，责备外化在特质羞耻和敌意之间起中介作用，该结果与以往研究一致。这说明高羞耻倾向个体倾向于将责任转嫁给他人，从而引发对他人的攻击行为。

（二）特质内疚、责备外化和攻击行为的相关和中介效应

本研究表明，特质内疚与责备外化和攻击行为负相关，而责备外化与攻击行为正相关，其中责备外化在特质内疚和攻击行为中起中介作用。该结果说明特质内疚在中国文化背景下同样具有道德功能，内疚倾向的个体在面临失败/失范事件时较少地采取责备外化的方式，从而较少产生攻击行为。

第四节　大学生羞耻情绪对欺骗行为的影响

一　研究目的

《史记·律书》有云："会吕氏之乱，功臣宗室共不羞耻。"《水浒传》的第三十一回《张都监血溅鸳鸯楼　武行者夜走蜈蚣岭》中这样写道："伏侍了一日，兀自不肯去睡，只是要茶吃！那两个客人也不识羞耻！""羞耻"一词在汉语中有羞愧、耻辱的意思，其重点在于"耻"，"羞"只是作为"耻"的一种表现而存在，一个人往往是感受到"耻"而"羞"。在中国文化中，羞耻从来都是非常重要的存在。羞耻情绪作为人类所特有的高级情绪之一，不仅是个体运用已经内化了的标准评价自身所经历的糟糕事件时所生的不良体验，同时也会影响个体的各种行为。以往研究主要考察了羞耻情绪对亲社会行为的促进作用，较少研究考察羞耻情绪对不道德行为的抑制作用，本研究旨在对该问题进行考察。欺骗行为是一种普遍的不道德行为，基于此，本研究试图考察羞耻情绪是否能够

---

① Stuewig J., Tangney J. P., Heigel C., et al., "Shaming, Blaming, and Maiming: Functional Links Among the Moral Emotions, externalization of Blame, and Aggression", *Journal of Research in Personality*, Vol. 44, 2010, pp. 91–102.

抑制欺骗行为。

二 研究方法

（一）被试

随机选取66名教育科学学院的学生参加实验，其中男女各半，平均年龄在20.03±1.02岁。所有被试均为右利手，视力或矫正视力正常。最终有效数据为63份，其中情绪诱发组30份，中性控制组33份；男生32人，女生31人。所有被试在实验结束之后都获得了相应的报酬。

（二）实验材料

（1）羞耻情绪的实验启动范式

本实验选择故事情境法作为羞耻情绪的实验启动范式。其中实验组使用典型羞耻事件①诱发羞耻情绪，中性控制组使用杜灵燕改编的材料②。
典型羞耻事件如下：

> 下面是现实生活中可能遇到的情景，请仔细阅读这个情景中发生的故事，想象你是该情景的主人公。
>
> 某一天你无所事事，去学校附近的书店闲逛，突然发现一本你非常喜欢却一直没有找到的书，你决定把它买下来。可打开钱包一看，你身上带的钱只够这本书定价的一半，你环顾四周，发现几个顾客正专心挑看自己喜欢的书籍，书店老板也在低着头看一本杂志。禁不住诱惑的你顺手将这本书放进自己随身带的书包里。随后你若无其事地在书店里又待了一会，当你准备离开时，感到有一只手放在了自己的肩膀上。

中性事件如下：

---

① 高学德、周爱保：《内疚和羞耻的关系——来自反事实思维的验证》，《心理科学》2009年第1期。
② 杜灵燕：《内疚与羞耻对道德判断、道德行为影响的差异研究》，中国地质大学硕士论文，2012年。

下面是一段自我介绍，请仔细阅读这个情景中发生的故事，想象你是该情景的主人公。

大家好！我是小明，今年 20 岁，是一名大一的学生。半个学期过去了，我已经适应了大学的学习和生活。和其他同学一样，我的校园生活并没有很特别，平时除了上课，有时我会去图书馆看看书，偶尔也会参加自己喜欢的课外活动。对于这样的生活，我没有觉得喜欢或不喜欢，只是觉得平淡而真实。

（2）欺骗行为的实验范式

采用视觉—感知任务作为欺骗行为的实验范式[①]。该任务中给被试观看一些正方形，每个正方形都被一条对角线分为左右两个三角形，且有 20 个红色圆点分布在正方形中，让被试判断哪个三角形的圆点多，如果被试判断右边三角形中的红圆点个数更多，那么可获得 5 美分，如果判断左边多，则可获得 0.5 美分，最终根据判断的次数而非判断的正误计算所得钱的数额。因此被试有机会为了获得更多的金钱而总是判断右边圆点个数更多，即产生欺骗行为。

（三）实验程序

（1）在正式实验开始之前，请被试阅读知情同意书并签字。

（2）实验过程中要求被试阅读典型羞耻事件或中性情绪事件，并请被试抄写该材料，同时想象自己是情景中的主人公。抄写完之后请被试对体验到的羞耻情绪和想象故事情景的难度进行七点评分。

（3）完成视觉—感知任务。屏幕上首先呈现指导语："你好！欢迎参加实验！屏幕中央会出现一个正方形，正方形对角线的左右两侧出现不同数目的红色圆点，请判断哪边的圆点数目更多。如果认为左侧圆点更多，请点击鼠标左键；如果认为右侧圆点更多，请点击鼠标右键。每次点击后电脑都会显示该次判断所得的报酬和总的报酬，实验结束时电脑显示的总报酬即为参加实验的最终报酬。"

该任务先是练习实验，共 100 个试次，如果被试判断左边红圆点多，

---

① Kouchaki M. & Smith I. H., "The Morning Morality Effect: The Influence of Time of Day on Unethical Behavior", *Psychological Science*, Vol. 25, 2014, pp. 95–102.

则被试可获得 2 分钱，如果判断右边红圆点多，则可获得 20 分钱，每次后面都会紧接着呈现他这次所获得的金钱数及累计可获得的金钱数目，这可以让被试得到本实验是根据其判断左右的次数来计算其获得的报酬，而不是根据判断的正误这一信息。练习实验完成后开始正式实验，共 200 试次。其中有 32 个试次是右边红圆点明显多于左边，68 个试次是左边明显多于右边，100 个试次是左右边红圆点数量模糊不清，不能明确判断左边多还是右边多。

（4）实验结束以后向被试道谢并支付报酬。

三 研究结果

剔除无效数据，包括想象情景困难程度得分大于 5 分的被试、情绪诱发组中羞耻情绪体验得分小于 4 分的被试数据以及中性控制组中羞耻体验得分大于 4 分的被试数据，最终有效数据为 63 份。

（一）实验材料的有效性检验

通过独立样本 t 检验，检验是否有效地诱发了被试的羞耻情绪，结果发现：情绪诱发组被试（$M = 6.73$，$SD = 0.45$）比中性控制组（$M = 1.09$，$SD = 0.29$）体验到更多的羞耻情绪，$p < 0.001$，说明选取的典型羞耻事件材料能有效诱发被试的羞耻情绪。两类材料的想象难度无差异。

（二）模糊情境下羞耻情绪对欺骗行为的影响

分析红圆点左右边数量无法明确判断的情况下被试的欺骗行为，结果发现，情绪诱发组被试的欺骗行为（$M = 29.23$，$SD = 13.44$）显著少于中性控制组被试的欺骗行为（$M = 61.06$，$SD = 12.39$），$t = 9.79$，$p = 0.001$。

（三）明显情境下羞耻情绪对欺骗行为的影响

分析红圆点左右边数量差别明显时被试的欺骗行为，结果发现，情绪诱发组被试的欺骗行为（$M = 11.03$，$SD = 13.39$）显著少于中性控制组被试的欺骗行为（$M = 24.88$，$SD = 8.21$），$t = 4.89$，$p < 0.001$。

四 讨论

本研究通过情绪诱发故事材料操纵被试的情绪状态，采用视觉—感知任务考察被试的欺骗行为，探讨羞耻情绪对欺骗行为的影响。结果发现，羞耻情绪能够减少个体的欺骗行为。道德自我可以分为理想道德自我和现实道德自我，理想道德自我是个体对于自己在道德方面的期冀，是希望自己的道德能达到什么样的水平；而现实道德自我是个体实际的道德水平[①]。理想道德自我和现实道德自我处在一个动态平衡的状态，若这种平衡被打破，个体会通过增加或减少道德行为来重新达到平衡。当个体体验到羞耻情绪时，现实道德自我处于一个较低的水平，导致现实自我形象受损，为了摆脱这种痛苦，此时个体会采取增加道德行为或减少不道德行为的措施来提高现实道德自我的水平。从生物进化的角度来看，羞耻具有重要的适应功能，当个体体验到羞耻时，这种情绪除了给个体带来痛苦、迷茫等负面的体验以外，还能够提醒个体此时的自己在别人眼中是一种负面形象，因此可能会被孤立、排斥甚至抛弃，个体为了避免这种情况的发生，就要及时做出亲社会行为或抑制不道德行为来增加自己的积极形象。

第五节　大学生内疚和羞耻情绪对亲社会行为影响的对比研究

一　研究目的

研究者对于内疚和羞耻在道德行为中的作用分别持有两类不同的看法。一部分研究者发现，内疚个体会出现惭愧、自责、焦虑等情绪体验，并带有弥补性的行为；而羞耻个体会有无价值、无能为力、无助等情绪体验，并伴随退缩、回避、隐藏等不良行为。所以，这部分研究者把内疚视为一种可以促使个体做出弥补性的助人行为的情绪，羞耻则不促进道德行为。而另一些研究者则认为，这两种道德情绪都能促使道德行为的产生。本研究将进一步探讨内疚情绪与羞耻情绪对具体亲社会行为的影响及其差异。

[①] 李谷、周晖、丁如一：《道德自我调节对亲社会行为和违规行为的影响》，《心理学报》2013 年第 45 期。

二 研究方法

（一）被试

被试为从山东某大学中随机抽取的大一下半学期末的学生，向其发放问卷共240份，最终收回有效问卷226份。数据筛选标准为研究一中所采用的标准。经筛选剔除无效被试56人，有效被试量为170人，所选被试年龄范围在18—20岁，其中男生76人，女生94人，内疚组62人，羞耻组61人，中性组47人。

（二）实验设计

本研究采用"3（情绪类别：内疚，羞耻，中性情绪）×2（亲社会行为指向：参与者，未参与者）×2（亲密程度：认识，不认识）"三因素的混合实验设计，情绪类别是被试间设计，亲社会行为指向和亲密程度是被试内设计。其因变量是亲社会行为，操作定义是捐助金钱的数目。

首先将被试分成三组，分别为：内疚情绪组、羞耻情绪组以及中性情绪组，每组被试分别只阅读相对应的情绪事件，然后要求被试想象自己是处于该事件当中的主角，并且以当事人的身份把这一事情报告给"听众"，随后评定自己的情绪。

接下来让被试想象以下情景：听众中有小A、小B、小C和小D，其中小A和小B是你的同学，小C和小D是邻校你并不认识的学生，他们一起来听报告，但小A和小C分到跟你一组听你的报告，小B和小D被分到另一组并没有听到你的报告。如图3—3所示。

设置两个分钱游戏让被试进行选择，一个是将10元钱分给同组的小A和小C，另一个是将10元钱分给不同组的小B和小D。为了方便统计，以元为单位设置了0、1、2、3、4、5这六个选项可供被试选择，也就是采用6点计分。被试可以分别选择给予小A、小B、小C以及小D这四位同学0—5元不等的钱数。

（三）材料

典型内疚事件如下：

下面是现实生活中可能遇到的情景，请仔细阅读这个情景中发

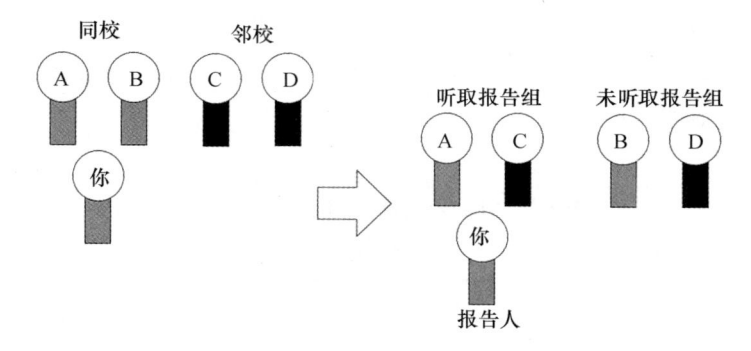

```
    同校      邻校                  听取报告组  未听取报告组
    A    B    C    D                A    C        B    D
         你                              你
                                       报告人
```

图3—3　被试想象情景图

生的故事，想象你是该情景的主人公。

　　上学期末的一天下午，你回到宿舍，同宿舍的好友告诉你，你的暖壶被人打碎了，刚好那天你心情很不好，听到这件事之后你非常生气，便问是谁打碎的，回答是宿舍里与你有过节的"包子"（外号），你认为他/她一定是故意的，所以就破口大骂，你骂的话很不好听甚至有些脏，而他/她却一声不吭，坐在那儿听着。由于你的声音很大，周围的同学都跑来看，由于"包子"在学校的名声不好，再加上前一天刚和你吵完架，所以大家都以为他/她是故意把你的暖壶打碎的。骂完之后，你和其他同学出去玩了，回来的时候发现你的床边多了一个新壶，挺漂亮的。他/她见你回来，怯生生地对你说："对不起，这是我还你的新壶"。当时你没再说什么。事后有人告诉你暖壶并不是他/她打碎的，而是别人故意冤枉他的。听到这个消息，你的心都碎了。

典型羞耻事件和中性事件与《大学生羞耻情绪对欺骗行为的影响》一文中所用材料相同。

（四）数据收集和处理

采用软件SPSS17.0对收集的数据录入和处理，为了检验所提出的研究假设，采取包括描述统计、方差分析等在内的统计方法。

三　研究结果

采用"3（情绪类别：内疚，羞耻，中性情绪）×2（亲社会行为指向：参与者，未参与者）×2（亲密程度：认识，不认识）"三因素混合实验设计，对亲社会行为得分进行分析，由表3—7可知，内疚组的得分均高于羞耻组和中性组。

表3—7 不同情绪组、不同亲社会行为指向、不同亲密程度的大学生亲社会行为得分情况

	小A（M±SD）	小C（M±SD）	小B（M±SD）	小D（M±SD）
内疚	3.69±0.95	3.34±1.10	3.37±1.043	3.03±1.19
羞耻	3.66±1.14	3.23±1.28	2.98±1.45	2.38±1.50
中性	3.12±0.74	2.85±0.83	2.81±0.71	2.68±0.78

方差分析的结果表明：情绪类别的主效应显著 $F(2, 677) = 10.40$，$p < 0.001$；亲密程度主效应显著 $F(1, 678) = 17.78$，$p < 0.001$；亲社会行为指向的主效应显著 $F(1, 678) = 28.96$，$p < 0.001$；情绪类别与亲社会行为指向的交互作用显著 $F(2, 677) = 3.47$，$p = 0.032$。不管亲社会行为为何种指向，内疚都能够引发被试做出有利于社会和他人的行为；但是羞耻只是在亲社会行为指向是参与者时才能激发被试的亲社会行为；情绪类别以及亲密程度没有显著的交互作用；情绪类别、亲社会行为指向和亲密程度三者间没有显著的交互作用。

四 讨论

对于内疚和羞耻的作用理论有两种截然不同的观点，其中一种理论是，内疚和羞耻作为道德情绪的一种，均具有道德作用，可以激发个体的道德行为。这一理论认为，当人们有了侵害他人等不当的举动时，会出现内疚或羞耻等不愉快的情绪感受，而为了缓解这种感受，人们会遏制自己的不道德举止并作出亲社会行为。内疚和羞耻情绪都有激发个体的亲社会行为的作用，只是羞耻仅在特定的情形下会有这一作用，在本研究中，这一条件是被试的亲社会行为指向是参与者。

内疚是一种有良好适应性的道德情绪，且对人们的行为有建设性作用，会激发个体做出改正并弥补自身错误的行为，如若不能弥补受害当事人，也会对他人做出亲社会行为从而缓解内心的不安、焦虑等。所以，

可以认为，不管亲社会行为是何指向，体验内疚的个体均会做出有利于社会的行为。

而羞耻的不愉快感受比内疚更加明显且持续时间也会更长，令人更加难以忘记。有研究显示，体会到羞耻的个体会对自身质疑，认为自己毫无价值从而对自我进行否定，产生自卑感、无力感并伴随了逃避、退缩等消极的行为倾向，甚至有暴力、攻击等行为表现。因此，针对大多数情况而言，羞耻是不会激发个体亲社会行为的，但如果行为指向是参与者时，则会激发亲社会行为。

结合上述研究，可以得到以下结论：（1）内疚与羞耻对具体亲社会行为的影响不同。（2）不论何种情况，内疚都能促进亲社会行为。（3）仅当亲社会行为指向是参与者时，羞耻才能够激发个体的亲社会行为。

第 四 章

自豪——成功之喜

第一节 自豪情绪的心理功能

儿童在完成拼图时表现出自豪，学生在竞赛中取得好成绩时感到自豪，成人在工作中获得晋升时感到自豪，自豪具有积极情绪特质，它使得个体产生愉悦的感受，并且能够诱发个体的积极行为。

一 自豪情绪提高成就动机

研究发现，如果个体完成实验任务后产生了自豪，在接下来的任务中会表现得更有坚持性，自豪能够促使个体产生实现目标的欲望和意愿[1]。实验首先要求被试完成认知能力的测试，具体而言，要求被试完成点估计任务以测试视觉感知能力，屏幕上呈现不同颜色的圆点，2秒后消失，要求被试估计所出红色圆点的数目。告知被试其得分依据反应的准确率和时长而定，使被试无法准确估计自己的表现。任务结束后，给不同的被试三类反馈，自豪组反馈如下：测试总分为147分，你获得了124分，排名在前6%，做得好！这是目前我们遇到的最高分之一。实验者伴有对被试的成绩感到惊喜的语调和微笑。控制+告知测试成绩组反馈如下：测试总分为147分，你获得了124分，排名在前6%。实验者告知成绩时的语调不像自豪组反馈那样惊喜。还有控制+不告知测试成绩组，不作成绩反馈。随后要求被试完成空间旋转任务，该任务是一项非

---

[1] Williams L. A. & DeSteno D., "Pride and Perseverance: The Motivational Role of Pride", *Journal of Personality and Social Psychology*, Vol. 94, 2008, pp. 1007 – 1017.

常单调乏味的任务。告知被试"他们可以在任何时候停止进行该任务，而不是必须完成。事实上，该任务也不可能全部完成"。结果发现，在空间旋转任务上自豪组被试坚持的时间更长。

后续研究同样证实了自豪能够提高个体的成就动机[1]。该研究不仅发现任务成功引发的高水平的真实自豪会使得个体以与之前相似的行为应对未来的目标，并采取努力、坚持的行为策略，而且还发现，低水平的真实自豪促使个体改变之前的行为和策略，并努力改善随后的表现。

另有研究考察了自豪的社会功能，发现自豪不仅使得个体在群体问题解决任务中起主导作用，而且还使得个体成为受欢迎的互动对象[2]。研究的设置是这样的：三人为一组参加实验（其中一人是对实验不知情的"假被试"），告知被试实验目的是获得正在开发过程中的空间任务的评估，他们将分别完成个人和群体任务。被试首先单独完成视空间能力的测试，判断两个三位物体的图像是否相同。告知被试他们的表现依反应的正确率和时间而定，因此，被试无法准确估计自己的表现。随后告知被试他们的视力需要矫正，出于隐私的考虑，矫正在隔壁的房间单独完成。被试完成10秒的视力测试后，实验者给予自豪组被试如下反馈："你获得了前6%的好成绩，做得好！这是我们目前遇到的最高分"，控制组被试则无反馈。随后，每组被试共同完成三维拼图任务，并基于在任务中的表现获得小组分数。三维拼图任务与前一阶段被试单独完成的视空间能力测试任务非常类似。假被试肩上安装了摄像头，摄像头始终面对被试，用以记录被试的谈话。完成任务的时间为6分钟，假被试经过训练，能够与被试进行一致的互动，并且接触拼图的时间为大约1分钟。该任务结束后要求被试对此任务进行评估，以诱发被试对其同伴的主观评价。结果发现：自豪组被试在三维拼图任务中表现出了更强的主导性，操纵拼图的时间更长，并且更受同伴的喜欢。

然而，近期一项关于儿童的研究考察了积极情绪自豪和高兴对儿童

---

[1] Weidman A. C., Tracy J. L. & Elliot A. J., "The Benefits of Following Your Pride: Authentic Pride Promotes Achievement", *Journal of Personality*, Vol. 84, 2016, pp. 607–622.

[2] Williams L. A. & Desteno D., "Pride: Adaptive Social Emotion or Seventh Sin?", *Psychological Science*, Vol. 20, 2010, pp. 284–288.

自我控制（关注延迟满足能力）的不同影响①。研究者要求儿童尽可能详细地回忆最近发生的令自己感到自豪或高兴的事情，并要求其完成延迟折扣任务。结果发现，自豪组被试在延迟折扣任务上表现较差。对此研究者认为，自豪可能意味着个体在实现长期目标方面取得了足够的进展，从而导致个体可能屈从于短期欲望；而高兴可能意味着即时欲望的实现，从而导致个体可能倾向于追求长期目标。未来研究应进一步考察自豪对个体成就动机的影响及其产生条件和作用机制。

二 自豪情绪促进亲社会行为

研究者采用问卷形式考察了自豪特质与亲社会行为倾向之间的关系②。结果发现，真实自豪特质与亲社会行为正相关；自大自豪特质与亲社会行为倾向之间负相关，二者均对亲社会行为有一定的预测作用。该研究还采用实验法诱发被试的自豪情绪，进而考察其对具体亲社会行为的影响。结果发现，真实自豪促进个体的亲社会行为，而自大自豪则降低了个体的亲社会行为。

研究者探讨了自豪对人际信任的影响以及社会支持和观点采择的中介作用③。采用自豪量表、人际信任量表、社会支持量表和人际反应指针量表对大学生进行调查，结果发现真实自豪对人际信任具有正向预测作用，真实自豪对人际信任的作用主要通过观点采择和社会支持并行的多重中介作用产生影响。自大自豪则对人际信任没有预测作用。

还有研究考察了自豪对环保行为的预测作用④。研究分为两个阶段，第一阶段通常在周一进行，要求被试完成所感知到的环保描述性规范和环保态度的调查；第二阶段通常在周二、周三和周四进行，要求被试在

---

① Shimoni E., Asbe M., Eyal T. & Berger A., "Too Proud to Regulate: The Differential Effect of Pride Versus Joy on Children's Ability to Delay Gratification", *Journal of Experimental Child Psychology*, Vol. 141, 2016, pp. 275–282.
② 陈忱:《两维度的自豪情绪对亲社会行为的影响》，浙江师范大学博士论文，2016年。
③ 侯璐璐、江琦、王焕贞、李长燃:《真实自豪对人际信任的影响：观点采择和社会支持的多重中介作用》，《教育生物学杂志》2017年第5期。
④ Bissing-Olson M. J., Fielding K. S. & Iyer A., "Experiences of Pride, not Guilt, Predict Pro-environmental Behavior When Pro-environmental Descriptive Norms are More Positive", *Journal of Environmental Psychology*, Vol. 45, 2016, pp. 145–153.

这三天的四个时间段（早上10点、下午1点、4点和7点）报告前2.5小时内参与的环保行为以及由这些行为产生的自豪和内疚情绪。结果发现，2.5小时内的环保行为与该时间段的自豪情绪正相关；环保行为产生的自豪情绪能够正向预测随后的环保行为，但仅仅是对于所感知到积极的环保描述性规范的个体而言。

第二节 青少年特质自豪与亲社会行为的关系

一 研究目的

当人们取得有意义的成就和有突破性的进展时，都会体验到自豪情绪。自豪作为一种常见的自我意识情绪能激励人们对权力的追求，对高社会地位的向往，以及对自身和社会群体的积极认知。

自豪是一个双维的结构，即当个体对事件的积极结果做出内部的、不稳定的、可控的归因时产生真实自豪（α自豪）；做出内部的、稳定的、不可控的归因时产生自大自豪（β自豪）。α自豪和β自豪分别与亲社会行为是怎样的关系？其心理机制是什么？本研究将对此展开探讨。

二 研究方法

（一）被试

按整群抽样方法，于山东省某市抽取高中、初中学校各一所，以分层随机抽样方式，在初一、初二、初三、高一、高二和高三这六个年级中各抽取七个班级，发放并回收问卷1610份。剔除部分问卷回答不完整、答案全部一致或者具有明显规律的虚假作答问卷，最终获得有效问卷1538份，有效率95.53%。初一283人，其中男生160人，女生123人；初二212人，其中男生107人，女生105人；初三222人，其中男生99人，女生123人；高一272人，其中男生103人，女生169人；高二265人，其中男生115人，女生150人；高三281人，其中男生121人，女生160人。

（二）研究工具

（1）自我意识情绪问卷——青少年版（Test of Self-Conscious Affect for

Adolescents，TOSCA-A）

该问卷由 Tangney 和 Dearing（2002）编制，为情境式测量问卷。问卷由 15 个在生活中常见的情境组成题干，每个情境下有 4—5 个选项，每个选项代表在此种情境下可能出现的不同反应，不同的反应表示体验到不同的自我意识情绪。问卷采用 Likert 五点计分法，"1"表示"完全不可能"，"5"表示"非常可能"。被试根据自己的实际情况对每个选项进行评估，以此测得不同自我意识情绪的倾向性。该问卷共 6 个分量表，分别是羞耻、内疚、α 自豪、β 自豪、责备外化和疏离。刘慧芳（2016）对该问卷进行了修订，将题目由 15 个增加至 24 个，修订后的问卷具有较好的信效度。本研究采用 α 自豪和 β 自豪分量表，α 自豪分量表的内部一致性信度为 0.73，β 自豪分量表的内部一致性信度为 0.77。

（2）道德认同量表（MIM）

该量表最初由 Aquino 和 Reed 于 2002 年编制，本研究中采用的是该量表的中文修订版。包含内隐和外显两个维度，每个维度各 5 道题，其中内隐维度指这些道德核心特质的自我重要性程度，外显维度则指个体愿意通过自身的服饰、兴趣爱好以及所参与活动表达道德特质的欲望。该量表共由两部分构成：第一部分为 9 个具有代表性的道德特质描述词汇（关爱、同情心、公正、友好、慷慨及助人等），要求个体想象具有以上道德特质的人的思想、感受和行为；第二部分为 10 道测试题，要求个体对其进行 5 点评分，如"做拥有这些品质的人对我很重要"等。在本研究中，该量表的内部一致性信度为 0.70。

（3）人际反应指数量表（Interpersonal Reactivity Index，IRI）

该量表是测量共情水平最常用的量表之一，该量表共 28 个题目，包括四个维度：观点采择（Perspective Taking，PT）、个人痛苦（Personal Distress，PD）、幻想（Fantasy，FS）和共情关注（Empathic Concern，EC）。采用 1—5 级计分（"1"表示"完全不符合"，"5"表示"完全符合"）。在本研究中，该量表的内部一致性信度为 0.75。

（4）亲社会行为倾向量表（PTM）

采用寇彧（2012）根据中国的实际国情修订的《亲社会行为倾向量表》，量表共有 23 个项目，6 个维度，分别是公开的、匿名的、利他的、依从的、情绪性和紧急的。采用 5 级评分，"1"代表"完全不符合"，

"5"代表"完全符合"。在本研究中,该量表的内部一致性信度为0.67。

三 研究结果

(一) 描述性统计与相关分析

对主要变量进行Pearson相关分析发现,各主要变量之间呈显著的正相关关系。具体如表4—1所示。

表4—1　　　　　　　描述性统计结果和变量间的相关分析

变量	1	2	3	4	5	M ± SD
1. α自豪	1					30.09 ± 5.42
2. β自豪	0.73***	1				34.15 ± 5.46
3. 共情	0.16***	0.30***	1			88.49 ± 11.39
4. 道德认同	0.31***	0.40***	0.38***	1		36.42 ± 5.32
5. 亲社会行为	0.14***	0.28***	0.38***	0.38***	1	75.79 ± 8.48

(二) 道德认同的中介作用

在控制性别和年级的条件下,中介效应分析的结果表明,α自豪能显著正向预测道德认同($\beta = 0.29$, $p < 0.001$),当α自豪和道德认同同时进入回归方程时,α自豪和道德认同都能显著正向预测亲社会行为($\beta = 0.10$, $p < 0.05$; $\beta = 0.60$, $p < 0.001$);且平均间接效应($a * b$)为0.17,BootstrapSE = 0.02,置信区间为[0.13, 0.22],不包括0。因此,道德认同在α自豪和亲社会行为中的中介效应显著,中介效应占总效应的比例为62.82%。

在控制性别和年级的条件下,中介效应分析的结果表明,β自豪能显著正向预测道德认同($\beta = 0.38$, $p < 0.001$),当β自豪和道德认同同时进入回归方程时,β自豪和道德认同都能显著正向预测亲社会行为($\beta = 0.26$, $p < 0.001$; $\beta = 0.53$, $p < 0.001$);且平均间接效应($a * b$)为0.20,BootstrapSE = 0.02,置信区间为[0.16, 0.24],不包括0。因此,道德认同在β自豪和亲社会行为中的中介效应显著,中介效应占总效应的比例为42.95%。

（三）共情的调节作用

在控制性别和年级的条件下，调节效应分析的结果表明，α自豪和共情在亲社会行为上的交互作用显著（β = -0.01，p < 0.05）。为了进一步检验共情对于α自豪与亲社会行为之间关系的调节作用，首先按照共情水平上下一个标准差的方法将被试分为高共情水平组和低共情水平组，进行简单效应检验。结果表明，α自豪对于高共情水平个体的亲社会行为没有预测作用（β = -0.04，p = 0.68）；α自豪能够显著预测低共情水平个体的亲社会行为（β = 0.32，p < 0.001）。

在控制性别和年级的条件下，调节效应分析的结果表明，β自豪和共情在亲社会行为上的交互作用不显著（β = -0.02，p = 0.10）。该结果表明，共情在β自豪与亲社会行为之间不起调节作用。

四 讨论

自豪是一种自我意识情绪，涉及对具体事件的自我评价过程。真实自豪和自大自豪的区别在于内部归因方式的不同。真实自豪个体将成功事件归结为努力、勤奋等内部、不稳定、可控的因素，自大自豪个体将成功事件归结为天赋、特质等内部、稳定、不可控的因素。前人研究表明，真实自豪与亲社会行为相关，体现出更多的助人倾向或行为，而自大自豪则更多地与反社会行为相关。然而，也有研究发现，真实自豪和自大自豪均与更多的亲社会行为（合作行为）相关。本研究同样发现，真实自豪和自大自豪均与亲社会行为正相关。这可能是因为真实自豪和自大自豪是同源衍生体，是一种进化出来的社会适应性情绪，并且从远古时期就已经在我们的灵长类祖先中体现出来[1]，二者具有共同性。真实自豪和自大自豪的非言语表达几乎是一致的，若仅仅只给被试呈现自豪情绪图片，被试并不能判断是真实自豪还是自大自豪。

自我意识情绪是个体根据道德自我认同标准，在比较不同情境下的行为或行为倾向时产生的道德情绪。如果个体的行为及其倾向违背了道德自我认同标准，导致个体不能证实道德自我的时候，会产生内疚、羞

---

[1] Tracy J. L., Shariff A. F. & Cheng, J. T., "A Naturalist's View of Pride", *Emotion Review*, Vol. 2, 2010, pp. 163-177.

耻等情绪，个体会通过道歉或其他补偿行为修复道德自我。道德自我认同在个体认同层级中的地位越高，所唤起的消极情绪就越强烈。反之，当个体行为及其倾向和个体道德认同标准一致时，个体会产生积极自我意识情绪，如自豪，并通过继续做出道德行为来证实道德自我。因此，道德认同在道德情绪和道德行为间起中介作用。这也与本研究发现一致，道德认同在自豪和亲社会行为间起中介作用。

　　本研究发现，真实自豪与亲社会行为的关系受到共情的调节，而自大自豪与亲社会行为的关系不受共情的调节。有一项关于自豪对于污名群体评价的研究发现，共情会促使真实自豪者对污名群体产生积极评价，但自大自豪者则受共情的影响较弱（Ashton-James & Tracy，2012），本研究中自大自豪较少受到共情的影响也与上述研究结果一致。

第二编

他人指向道德情绪

第 五 章

钦佩——见贤思齐

第一节 钦佩概述

一 钦佩的概念

Becker 和 Luthar（2007）将钦佩定义为对优秀他人或榜样的一种高度喜欢和尊敬。榜样的美德、能力、成就、心理修养等品质是引起人们钦佩的外因[1]。

Immordino-Yang 等（2009）将钦佩定义为当看到他人的美德行为或非凡能力时产生的一种积极情绪，并将钦佩感分为美德钦佩感（Admiration for virtue）和能力钦佩感（Admiration for skill）[2]。美德钦佩感与 Haidt 提出的"Elevation"相一致，能力钦佩感与其提出的"Admiration"相一致[3]。

陈世民等（2011）认为，钦佩是一种见贤思齐的积极情绪，将其定义为对优秀他人或榜样的一种高度喜欢和尊敬，是看到他人的优秀行为

---

[1] Becker B. E. & Luthar S. S., "Peer-Perceived Admiration and Social Preference: Contextual Correlates of Positive Peer regard Among Suburban and Urban Adolescents", *Journal of Research on Adolescence*, Vol. 17, 2007, pp. 17–144.

[2] Immordino-Yang M. H., McColl A., Damasio H. & Damasio, A., "Neural Correlates of Admiration and Compassion", *Proceedings of the National Academy of Sciences*, Vol. 106, 2009, pp. 8021–8026.

[3] Haidt J. & Morris J. P., "Finding the Self in Self-transcendent Emotions", *Proceedings of the National Academy of Sciences*, Vol. 106, 2009, pp. 7687–7688.

或品质时所产生的一种积极情绪，其典型成分是欣赏和鼓舞①。欣赏是指能够发现并享受这个世界的美好。钦佩感的产生在于欣赏他人的优秀行为和品质，由于他人的优秀行为或品质意想不到、接近完美，使人惊奇、让人惊叹甚至敬畏。钦佩感会使人受到鼓舞，激励个体使自己成为更优秀的人，提升自己或帮助他人，使个体的自我意识被高度唤醒，激发个体完成一些有意义的事。

美德钦佩和能力钦佩所产生的情绪，虽然有着相似的情感、身体、认知与动机成分，但两者相比，对能力的钦佩有较强的尊敬、激励、敬畏等情感体验以及打冷颤、心跳加快等身体反应，而对美德的钦佩有较强的感激、爱等情感体验以及亲社会的认知变化和行为动机②。

二 钦佩的成因

在日常生活中，人们往往对榜样产生钦佩感。那么这种钦佩感的外因和内因有哪些呢？

（一）外因

研究者对 150 名大学生进行了调查，让他们列出所钦佩的榜样及这些榜样的品质③。被试所列出的榜样包括家庭成员（46.2%，尤其是父母）、朋友、体育明星、宗教人物等。对其所列出的品质进行编码，最终形成三大类：第一大类是道德品质，包括坚持原则、诚实、公正、善良、宽容、有宗教信仰；第二大类是能力与职业成就，包括智力、社交能力、领导力、职业成功；第三大类是积极态度，包括乐观和坚毅。

榜样的年龄、教育程度、收入等也会影响钦佩感的产生。研究中让被试评价其对电脑屏幕上呈现的人物的钦佩感，人物的个人信息有两种呈现方式：一种是单项呈现，即只呈现年龄（25 岁、35 岁、45 岁、55 岁）、教育程度（中学辍学、中学毕业、大学毕业、博士）和年收入

---

① 陈世民、吴宝沛、方杰等：《钦佩感：一种见贤思齐的积极情绪》，《心理科学进展》2011 年第 19 期。
② Algoe S. B. & Haidt J., "Witnessing Excellence in Action: The 'Other-praising' Emotions of Elevation, Gratitude and Admiration", *Journal of Positive Psychology*, Vol. 4, 2009, pp. 105 – 127.
③ Schlenker B. R., Weigold M. F. & Schlenker K. A., "What Makes a Hero? The Impact of Integrity on Admiration and Interpersonal Judgment", *Journal of Personality*, Vol. 76, 2008, pp. 323 – 355.

（6000美元、14000美元、22000美元、30000美元）中的一项；另一种是组合呈现，即呈现年龄、教育程度和年收入三者的组合。结果表明，当单项呈现时，随着年龄的增长、教育程度和年收入的提高，被试对人物的钦佩感不断增加；但当组合呈现时，同样的教育程度或年收入则随着年龄的增长，钦佩感下降[1]。

时代背景和文化因素也是影响钦佩感产生的重要外因。由于时代变化越来越快，父辈的生活与青少年的生活及其未来差异也越来越大，父辈难以为青少年提供有效的借鉴，因此青少年更多地选择有经验的同辈作为榜样。墨西哥是世界上创业率最高的国家之一，大约25%的墨西哥劳动者是自主创业，而美国则大约为11%。调查两国的大学生，结果表明，墨西哥大学生列出的钦佩者中，企业家的比率显著高于美国大学生（Van Auken, Stephens, Fry & Silva, 2006）。

（二）内因

钦佩感的产生与自我完善动机密切相关。在社会比较中，有两种动机：一种是自我提升（self-enhancement），另一种是自我完善（self-improvement）。前者是指通过社会比较提升自己的自尊心，一般采用下行比较；后者是指通过社会比较完善自己的能力与品质，一般采用上行比较。在自我完善动机的驱动下，个体会关注钦佩比自己优秀的他人及其行为品质，借鉴他人的成功，提升自我效能感和结果期望，从而使自己建立起乐观向上的生活态度。

个体的价值观和自我图示在选择钦佩对象时起着重要的导向作用。当评价他人时，人们倾向于将自我图示的理念作为判断标准，并对他人信息进行组织[2]。面对各种榜样，人们首先会评估他们与自己的相似性，因为具有较高相似性的榜样，他们的经验更容易被应用于自己的生活。这些相似性包括年龄、性别、能力、背景、理想自我、专业、道德原则

---

[1] Pusateri T. P. & Latane B., "Respect and Admiration: Evidence for Configural Information Integration of Achieved and Ascribed Characteristics", *Personality and Social Psychology Bulletin*, Vol. 8, 1982, pp. 87–93.

[2] Dunning D. A., Krueger J. I. & Alicke M. D., "The Self in Social Perceptions: Looking Back, Looking Ahead", In M. D. Alicke, D. A. Dunning & J. I. Krueger (Eds.), *The Self in Social Judgment*. New York: Psychology Press, 2005.

等；并会评估榜样品质的相关性和可达成性。相关性指榜样的经验与自己的需要或目标具有相关性。当个体为了提升自我、学习新角色、获取新技能、达成某种目标时，他就会去选择担任该角色或拥有所需品质的榜样。可达成性指榜样的成就或能力是钦佩者经过努力可达到的。

有研究者采用深度访谈形式和扎根理论，从发展角度探讨了处于职业生涯早期、中期和晚期的个体所钦佩的榜样的不同[1]。该研究中将访谈内容分为四个维度：积极属性—消极属性、多种品质—特定品质、身边榜样—非身边榜样、上行榜样—同辈/下行榜样。在职业生涯早期，个体缺乏经验，需要构建自己的组织角色，这时他们钦佩的榜样多为上行榜样，榜样身上有多种积极品质。在职业生涯中期，个体已具有较丰富经验，在职场上取得了一定职位，但对职业生涯的进一步发展常感到困惑，这时他们钦佩的榜样较少，榜样身上通常具备某些特定品质。在职业生涯晚期，个体的经验阅历已经非常丰富，这时他们往往提到榜样身上的消极属性，强调自己与他人的不同点，此外，身边的同辈榜样和下行榜样占更大比率。

三　钦佩的神经机制

神经科学研究发现，美德钦佩和能力钦佩在大脑的活动模式上存在差异。美德钦佩条件下的脑区激活具有很强的被试间同步性，主要激活自我参照相关脑区，包括内侧前额皮层、楔前叶和脑岛。上述脑区在能力钦佩条件下的脑区激活没有发现强烈的被试间同步性[2]。Immordino-Yang等考察了美德钦佩、能力钦佩、心理疼痛共情和身体疼痛共情四种条件下的脑区激活，发现四种条件都激活了前脑岛、前扣带回、海马和中脑。美德钦佩和能力钦佩都激活了涉及自主神经控制的下丘脑、中脑和脑桥延髓连接，涉及身体知觉的皮层区域，包括前岛叶和缘上回；尤其强烈地激活了后内侧皮层（PMC）。但美德钦佩和能力钦佩条件下PMC

---

[1] Gibson D. E., "Developing the Professional Self-concept: Role Model Construals in Early, Middle, and Late Career Stages", *Organization Science*, Vol. 14, 2003, pp. 591-610.

[2] Englander Z. A., Haidt J. & Morris J. P., "Neural Basis of Moral Elevation Demonstrated Through Inter-subject Synchronization of Cortical Activity During Free-viewing", *PloS one*, Vol. 7, 2012, e39384.

出现了分离：美德钦佩更多地激活 PMC 的下部和后部，而能力钦佩更多地激活 PMC 的上部和前部①。

另有研究者探讨了钦佩感的生理反应②。研究中要求被试回忆自己体验到快乐、感戴、美德钦佩和能力钦佩的经历，并报告自己回忆时的身体感觉。美德钦佩组被试更多的报告双眼含泪、喉咙哽咽。能力钦佩组被试最显著的特点是热血沸腾、心跳加快，另外还报告了更多的心底冰凉（chill）的感觉。当我们看到他人的美德行为时，往往会被感动，因此喉咙哽咽；而当我们看到他人的非凡成就时，一方面受到鼓舞而热血沸腾，另一方面又因为社会比较而感到自卑，产生心底冰凉的感觉。

第二节 钦佩的心理功能

从"见贤思齐"（孔子）到"榜样的力量是无穷的"，古今中外，人们一直关注探讨优秀他人及其事迹在我们的社会化过程中的作用。通过对他人的观察，人们可以习得新的行为、技能和信念。通过上行社会比较，人们获得优秀他人的相关信息，总结自己的优缺点，从而让自己做得更好。随着积极心理学的兴起和发展，研究者更加关注积极情绪。Haidt 提出了赞赏他人的情绪，包括感恩、钦佩、同情、共情等③。此外，研究者还列出了人类 24 种积极品质，其中第 20 种积极品质"欣赏美丽和卓越"就包括欣赏、钦佩和敬畏④。钦佩作为一种重要的积极品质，对人类社会行为具有广泛影响。

---

① Immordino-Yang M. H., McColl A., Damasio H. & Damasio A., "Neural Correlates of Admiration and Compassion", *Proceedings of the National Academy of Sciences*, Vol. 106, 2009, pp. 8021 – 8026.

② Algoe S. B. & Haidt J., "Witnessing Excellence in Action: The 'Other-praising' Emotions of Elevation, Gratitude, and Admiration", *The Journal of Positive Psychology*, Vol. 4, 2009, pp. 105 – 127.

③ Haidt J., "The Moral Emotions", R. J. Davidson, K. R. Scherer & H. H. Goldsmith (Eds.), *Handbook of Affective Sciences* (pp. 852 – 870), Oxford: Oxford University Press, 2003.

④ Peterson C. & Seligman M. E. P., *Character Strengths and Virtues: A Handbook and Classification*, Washington, D. C.: American Psychological Association; New York: Oxford University Press, 2004.

一 美德钦佩的道德功能

（一）美德钦佩促进亲社会行为

美德钦佩鼓励个体模仿美德模范，自觉行动，克服困难，努力使自己变得更好。研究者采用验证性因素分析发现，美德钦佩的动机反应包括亲社会行为、效仿和个人提升，还发现领导者的美德行为影响着下属的钦佩感，进而影响其组织承诺和组织身份行为（包括利他、礼貌和服从）[1]。

研究者发现，被诱发美德钦佩的母亲们增加了更多的喂奶和拥抱行为，并且分泌了更多的乳汁，这表明其体内后叶催产素分泌的增加，而这种荷尔蒙正是增强人际信任的激素。这为美德钦佩的道德功能提供了间接的证据[2]。

后续研究更为美德钦佩的道德功能提供了直接证据[3]。美德钦佩的亲社会效应在社会生活中有多种形式。被诱发美德钦佩感的个体会有更多的捐款行为[4]，更愿意担任导师辅导他人[5]，更有可能登记成为身体器官捐献者[6]，更多对道德行为实施者给予奖励[7]，有更高的环保意识内在价值观及环保行为倾向[8]。此外，还有一些因素能加强这种亲社会效应，例

---

[1] Vianello M., Galliani E. M. & Haidt J., "Elevation at Work: The Effects of Leaders' Moral Excellence", *The Journal of Positive Psychology*, Vol. 5, 2010, pp. 390–411.

[2] Silvers J. A. & Haidt J., "Moral Elevation Can Induce Nursing", *Emotion*, Vol. 8, 2008, pp. 291–295.

[3] Schnall S., Roper J. & Fessler D. M., "Elevation Leads to Altruistic Behavior", *Psychological Science*, Vol. 21, 2010, pp. 315–320.

[4] Thomson A. L. & Siegel J. T., "A Moral Act, Elevation, and Prosocial Behavior: Moderators of Morality", *The Journal of Positive Psychology*, Vol. 8, 2013, pp. 50–64.

[5] Thomson A. L., Nakamura J., Siegel J. T. & Csikszentmihalyi M., "Elevation and Mentoring: An Experimental Assessment of Causal Relations", *The Journal of Positive Psychology*, Vol. 9, 2014, pp. 402–413.

[6] Siegel J. T., Navarro M. A. & Thomson A. L., "The Impact of Overtly Listing Eligibility Requirements on MTurk: An Investigation Involving Organ Donation, Recruitment Scripts, and Feelings of Elevation", *Social Science & Medicine*, Vol. 142, 2015, pp. 256–260.

[7] 廖珂：《道德提升感对道德判断和道德奖惩行为的影响——从道德基础理论视角出发研究》，浙江大学硕士论文，2015年。

[8] 董华华：《道德提升感对环保意识的影响研究》，浙江工业大学硕士论文，2016年。

如，能够自主选择观看他人道德行为视频①，阅读容易模仿的而非难以模仿的道德榜样故事②，诱发美德钦佩感后对自己的道德观念进行自我肯定③。但是，这种亲社会效应只出现在涉及关怀的道德领域，而没有出现在涉及正义的道德领域④。

研究者还对群体间钦佩的道德功能进行了研究。研究发现，群体间钦佩会促进两类指向外群体的行为：主动促进行为（帮助和保护他人）和被动促进行为（合作和交往行为）⑤。另有研究发现，这种亲社会效应在组织内部和外部也同样存在。在组织内，领导者的道德行为会让下属产生美德钦佩感，进而增加下属的组织公民行为和组织情感承诺⑥。企业在外部实施的社会责任活动，会让消费者产生道德提升感，进而增加消费者对同类活动的捐助及志愿参与行为⑦、对该活动的积极行为反应以及其他环保消费行为⑧。

（二）美德钦佩提升积极社会认知

美德钦佩感让人产生一系列对他人的积极认知变化，包括对人性更乐观、对他人的积极品质有新的看法、更喜欢他人、对他人更加开放等。

---

① Ellithorpe M. E., Ewoldsen D. R. & Oliver M. B., "Elevation (sometimes) Increases Altruism: Choice and Number of Outcomes in Elevating Media Effects", *Psychology of Popular Media Culture*, Vol. 4, 2015, pp. 236–250.

② Han H., Kim J., Jeong C. & Cohen G. L., "Attainable and Relevant Moral Exemplars Are More Effective than Extraordinary Exemplars in Promoting Voluntary Service Engagement", *Frontiers in Psychology*, Vol. 8, 2017, p. 283.

③ Schnall S. & Roper J., "Elevation Puts Moral Values into Action", *Social Psychological and Personality Science*, Vol. 3, 2012, pp. 373–378.

④ Van de Vyver J. & Abrams D., "Testing the Prosocial Effectiveness of the Prototypical Moral Emotions: Elevation Increases Benevolent Behaviors and Outrage Increases Justice Behaviors", *Journal of Experimental Social Psychology*, Vol. 58, 2015, pp. 23–33.

⑤ Cuddy A. J., Fiske S. T. & Glick P., "The Bias map: Behaviors from Intergroup Affect and Stereotypes", *Journal of Personality & Social Psychology*, Vol. 92, 2007, pp. 631–648.

⑥ Vianello M., Galliani E. M. & Haidt J., "Elevation at Work: The Effects of Leaders' Moral Excellence", *The Journal of Positive Psychology*, Vol. 5, 2010, pp. 390–411.

⑦ Romani S. & Grappi S., "How Companies' Good Deeds Encourage Consumers to Adopt Pro-social Behavior", *European Journal of Marketing*, Vol. 48, 2014, pp. 943–963.

⑧ Romani S., Grappi S. & Bagozzi R. P., "Corporate Socially Responsible Initiatives and Their Effects on Consumption of Green Products", *Journal of Business Ethics*, Vol. 135, 2016, pp. 253–264.

这些认知能否进一步转变为积极的社会认知成为了研究者关注的另一个焦点。此类研究集中在对外群体的态度、人际信任和道德判断三个方面。

部分研究发现，美德钦佩感能够改善个体对外群体的态度。首先，美德钦佩感改善了个体对整体外群体的态度。研究发现，美德钦佩感提高了个体对自我与人类全体的共享性及一致性认知，进而感到对外群体有更强的联系及更友好的态度①。另有研究发现，美德钦佩感提高了世界主义取向，进而提高与受刻板印象影响的外群体交往的意愿②。其次，美德钦佩感改善了个体对某些外群体的态度。研究发现，美德钦佩感降低了异性恋对同性恋的外显和内隐偏见，但对种族偏见无显著影响③。但也有研究发现，美德钦佩感对传统、现代和内隐种族主义观并无显著影响④。此外，美德钦佩感也会影响人们对企业的态度，看到企业将工作留在国内而非迁移到国外会诱发人们的美德钦佩感，从而增强人们对该企业的积极态度⑤。

对于美德钦佩感能否提高人际信任，多项研究给出了肯定的结论。阅读关于领导者实施变革型领导行为（transformational leadership behaviour）来激励、鼓舞下属的故事，能够诱发读者的美德钦佩感，增强对该领导者的信任⑥。观看他人道德行为视频诱发的美德钦佩感，相比负性道德情绪产生了更高的人际信任⑦。即使诱发视频是一个负面新闻，例如关于少女救人而溺水身亡的报道，也能诱发美德钦佩感，且相比诱发中性

---

① Oliver M. B., Kim K., Hoewe J., et al., "Media-induced Elevation as a Means of Enhancing Feelings of Intergroup Connectedness", *Journal of Social Issues*, Vol. 71, 2015, pp. 106 – 122.

② Krämer N., Eimler S. C., Neubaum G., et al., "Broadcasting One World: How Watching Online Videos Can Elicit Elevation and Reduce Stereotypes", *New Media & Society*, Vol. 19, 2017, pp. 1349 – 1368.

③ Lai C. K., Haidt J. & Nosek B. A., "Moral Elevation Reduces Prejudice Against Gay Men", *Cognition & Emotion*, Vol. 28, 2014, pp. 781 – 794.

④ Ash E. M., *Emotional Responses to Savior Films: Concealing Privilege or Appealing to Our Better Selves?*, The Pennsylvania State University Doctoral Dissertation, 2013.

⑤ Grappi S., Romani S. & Bagozzi R. P., "The Effects of Company Offshoring Strategies on Consumer Responses", *Journal of the Academy of Marketing Science*, Vol. 41, 2013, pp. 683 – 704.

⑥ Perlmutter L. S., *Transformational Leadership and the Development of Moral Elevation and Trust*, University of British Columbia doctoral dissertation, 2012.

⑦ 郑信军、何佳婷：《诱发道德情绪对大学生人际信任的影响》，《中国临床心理学杂志》2011年第19期。

和负性道德情绪，个体的人际信任水平更高①。

对于美德钦佩感对道德判断的影响，不同的研究发现了这一效应的不同表现。研究发现，诱发美德钦佩感后，个体会将导致违反义务论的道德行为判断为更不道德②。另有研究发现，涉及关怀的道德领域的提倡性美德行为，例如对受苦者的同情行为所诱发的美德钦佩感，会让个体将该行为判断为更道德，而其他类型和其他道德领域行为诱发的美德钦佩感则不会影响道德判断③。综合这两项研究结果可以发现，美德钦佩感会提高某些类型道德判断的强度。

（三）美德钦佩促进自我提升

美德钦佩感让人产生亲社会行为和积极的社会认知，还会对自身产生积极认知变化，从而让人想成为一个更好的人。这些行为和认知能否建构个体资源，从而对个体自身产生积极作用，也成了研究者关注的焦点。一些研究发现，美德钦佩感有助于个体建构社会资源，从而改善心理健康。研究者让焦虑与抑郁患者在十天内每日测量自己的美德钦佩感水平，结果发现，在美德钦佩感水平较高的日子里，患者对他人更加同情与亲近，并有效减少了人际冲突与压力症状，且效应持续了六周④。另有研究发现，美德钦佩感还提高了抑郁患者寻求帮助的意愿⑤。

也有研究者认为，美德钦佩感可以提高个体的积极心理状态和特质，有助于个体建构心理资源，从而改善心理健康。研究者实施了一项为期12周的干预实验，让研究对象在日记中记录对道德美的经历，结果发现，

---

① 熊梦辉、石孝琼、骆玮等：《负面新闻影响人际信任的心理机制》，《心理技术与应用》2016 年第 4 期。

② Strohminger N., Lewis R. L. & Meyer D. E., "Divergent Effects of Different Positive Emotions on Moral Judgment", *Cognition*, Vol. 119, 2011, pp. 295 – 300.

③ 廖珂：《道德提升感对道德判断和道德奖惩行为的影响——从道德基础理论视角出发研究》，浙江大学硕士论文，2015 年。

④ Erickson T. M. & Abelson J. L., "Even the Downhearted May Be Uplifted: Moral Elevation in the Daily Life of Clinically Depressed and Anxious Adults", *Journal of Social and Clinical Psychology*, Vol. 31, 2012, pp. 707 – 728.

⑤ Siegel J. T. & Thomson A. L., "Positive Emotion Infusions of Elevation and Gratitude: Increasing Help-seeking Intentions Among People with Heightened Levels of Depressive Symptomatology", *The Journal of Positive Psychology*, Vol. 12, 2017, pp. 509 – 524.

干预提高了个体的特质希望和特质美德钦佩感[1]。另有研究者实施了一项为期一周的干预实验，让研究对象在日记中每天记录三个对道德美的经历，干预结束后发现个体的快乐水平得到提高且效应持续了一个月，抑郁水平也得到了降低且效应持续了一周。虽然这两项研究并未直接测量美德钦佩感，但由于让个体记录对道德美的经历是为了诱发美德钦佩感，因此，美德钦佩感可能在其中发挥了作用[2]。此外，研究发现，美德钦佩感能够提高个体的生命意义感与仁慈世界观，进而提高其精神境界（spirituality）[3]。

二 能力钦佩促进社会学习

研究者认为能力钦佩的核心功能是促进社会学习，并结合以往研究提出了理论模型[4]（如图5—1所示）：

该模型认为，能力钦佩来源于对超出社会标准的表现、能力或技术的钦佩；进而引发个体对自身能力的反思；更使得个体通过模仿促进社会学习。已有研究发现，钦佩与向榜样学习的行为倾向相关[5][6]。

研究者将被试分为成功组和失败组，前者呈现成功者的描述，后者呈现失败者的描述，接下来让他们填写鼓舞问卷、认同问卷和职业行为问卷。结果发现，成功组被试感受到了更多的鼓舞，对榜样更加认同，

---

[1] Diessner R., Rust T., Solom R. C., et al., "Beauty and Hope: A Moral Beauty Intervention", *Journal of Moral Education*, Vol. 35, 2006, pp. 301–317.

[2] Proyer R. T., Gander F., Wellenzohn S. & Ruch W., "Nine Beautiful Things: A Self-administered Online Positive Psychology Intervention on the Beauty in Nature, Arts, and Behaviors Increases Happiness and Ameliorates Depressive Symptoms", *Personality and Individual Differences*, Vol. 94, 2016, pp. 189–193.

[3] Van Cappellen P., Saroglou V., Iweins C., et al., "Self-transcendent Positive Emotions Increase Spirituality Through Basic World Assumptions", *Cognition & Emotion*, Vol. 27, 2013, pp. 1378–1394.

[4] Onu D., Kessler T. & Smith J. R., "Admiration: A Conceptual Review", *Emotion Review*, Vol. 8, 2016.

[5] Onu D., Smith J. R. & Kessler T., "Intergroup Emulation: an Improvement Strategy for Lower Status Groups", *Group Processes & Intergroup Relations*, Vol. 18, 2015, pp. 210–224.

[6] Schindler I., Paech J. & Löwenbrück F., "Linking Admiration and Adoration to Self-expansion: Different Ways to Enhance One's Potential", *Cognition & Emotion*, Vol. 29, 2015, pp. 292–310.

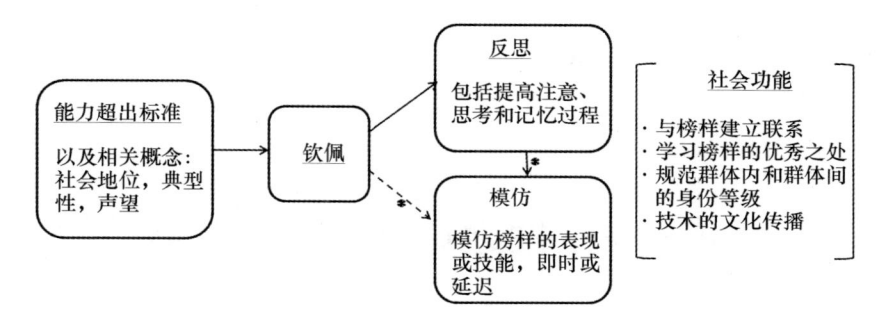

图 5—1　能力钦佩的理论模型

也更积极地为未来的工作做准备①。另有研究者采用问卷法和实验法（自传体回忆的方法）对钦佩和崇拜如何促进自我拓展进行了研究，两种情绪都能促进自我拓展，但作用路径不同。研究发现，钦佩通过效仿榜样促进自我发展，而崇拜通过与崇拜对象的依恋促进自我发展②。

---

① Buunk A. P., Peiró J. M. & Griffioen, C., "A Positive Role Model May Stimulate Career-oriented Behavior", *Journal of Applied Social Psychology*, Vol. 37, 2007, pp. 1489–1500.

② Schindler I., Paech J. & Löwenbrück F., "Linking Admiration and Adoration to Self-expansion: Different Ways to Enhance One's Potential", *Cognition & Emotion*, Vol. 29, 2015, pp. 292–310.

第 六 章

感戴——"投之以桃,报之以李"

第一节 感戴概述

一 感戴概念

Harned 认为,感戴是一种对待给予者的态度,一种对待礼物的态度,决定合理、有效地使用礼物,以便和给予者的意图取得一致[1]。

McCullough 认为感戴包括感戴倾向和感戴情绪两方面。感戴倾向是怀揣感激之心积极做出反应的一种行为倾向。感戴情绪是由于得到了别人的帮助而产生的一种幸运、感激的主观感受[2]。

国内研究者认为感戴是一种正性道德情绪,它是个体在得到了别人无私的帮助或受到恩惠后产生的一种情绪体验,它能够促使受惠者积极回应施惠者;对施惠者动机、施惠者付出的代价和恩惠价值的评价是产生感戴情绪的认知条件[3][4][5]。

总体来说,国内外研究者从以下几个方面定义了"感戴":从性质角度看,感戴是一种积极正性的情感特质;从产生机制看,感戴是在个体意识到受到恩惠后产生的心理和行为反应;从作用机制看,感戴具有激发个体做出善举的动机作用。

---

[1] Harned D. B., *Patience: How We Wait Upon the World*, Cambridge, MA: Cowley, 1997.
[2] McCullough M. E., "Savoring Life, Past and Present: Explaining What Hope and Gratitude Share in Common", *Psychological Inquiry*, Vol. 13, 2002, pp. 302–304.
[3] 刘建岭:《感戴:心理学研究的一个新领域》,河南大学硕士论文,2005 年。
[4] 赵国祥、陈欣:《初中生感戴维度研究》,《心理科学》2006 年第 29 期。
[5] 张敏、张萍、卢家楣:《感戴情绪的发生条件:认知评价的作用》,《心理与行为研究》2015 年第 13 期。

二 感戴的理论

（一）认知情绪理论

亚当·斯密认为，感戴同愤恨和友爱一样，是人类最基本的社会情绪之一。根据亚当·斯密的理论，感戴是对施惠者做出友善行为的主要激发因素之一，"推动我们做出回报的最迅捷和最直接的情感，就是感戴"。20 世纪中后期，认知情绪理论家对亚当·斯密的理论做了进一步的改进。研究者认为，情绪是一种认知系统的产物，这种认知系统由一系列标准和态度组成，它影响了人们对身边发生事件的理解。在这种框架下，感戴被看作是敬慕和喜悦的混合产物，当受惠者赞赏施惠者的行为时，即产生敬慕之情；当受惠者认识到施惠者的行为对他个人有好处时，就表现出喜悦心情[1]。

另有研究者指出，当人们觉得他人帮助自己是真诚的，就会体验到感激的心情；但当人们认为施惠者帮助自己是有目的性的，这种感激之情就不会存在[2]。研究者还指出，受惠个体倾向于把感戴归因于自己的内在动机而不是外在因素。施惠者所付出的成本和努力以及恩惠对于受惠者的价值，具有决定性的因素[3]。情绪有结果依赖型和原因依赖型两种，感戴是原因依赖型情绪，当人们面对积极或消极两种不同情境时，会估计事情发生的原因，受惠者会把自己的积极情绪归因于别人的努力和付出。

（二）情感体验理论

感戴是一种情感体验。Rosenberg 认为情绪是"个体对其生活环境中有意义的情境所做出反应的敏锐的、强烈的和典型短暂的心理生理变化"[4]。根据具体性、暂时稳定性、意识普遍性和情绪对其他心理系统的影响，可以把情感体验的一般形式描述为一种层次结构。情感体验的一

---

[1] Ortony A., Clore G. L. & Collins A., *The Cognitive Structure of Emotions*, Cambridge University Press, 1990.

[2] Heider F., *The Psychology of Interpersonal Relations*, New York: Wiley, 1958.

[3] Harned D. B., *Patience: How We Wait Upon the World*, Cambridge, MA: Cowley, 1997.

[4] Rosenberg E. L., "Levels of Analysis and the Organization of Affect", *Review of General Psychology*, Vol. 2, 1998, pp. 247–270.

般形式可以从三种层次水平来进行分析：情感特质、心境和情绪。因此，感戴作为一种情感体验也可以从这三个层次水平进行分析①。

1. 感戴作为一种情感特质

感戴情绪阈限值由以下几个层面组成：感戴强度，即在体验积极事件时，一个具有高感戴倾向的个体会有更强烈的感戴心情；感戴频率，即一个具有高感戴倾向的个体会有更频繁的感戴心情；感戴范围，即在既定时间内，一个人体验到感戴的生活情境的数量；感戴密度，即个体对于一种积极结果的感激对象的数量。

2. 感戴作为一种情绪

当个体认识到自己是某种恩惠的接受者时，他能够强烈地体验到感戴情绪。感戴情绪有促使受惠者在将来对施惠者做出回报的行动倾向。

3. 感戴作为一种心境

情感特质是"指向某种情绪反应的稳定倾向"。心境"有盛有衰，有高有低，不停地波动"，应从属于情感特质。心境包含一种稳定的成分，感戴作为一种心境产生的差异，部分归因于人群中客观存在的个体差异。

心境不易被意识察觉到，然而却十分重要。心境可以对意识产生广泛、普通且久远的影响。感戴作为一种心境，可以产生很深远的社会影响和心理影响。

（三）拓宽建构理论

拓宽建构理论认为积极情绪可以拓宽心理、社会资源和思维广度，从而扩展行为活动，激发个体心理的愉悦感②。感戴情绪使得个体做出大量的利他行为，不仅是对施惠者的回报，还包括陌生人。由感戴引发的积极行为还能构建社会联系，对于构建和谐社会具有重要的促进作用。

（四）道德情感理论

该理论认为，感戴是一种道德情感，在道德生活中占有特殊的地位，它来源于道德行为又能促进道德行为发生。通常认为感戴具有以下三种

---

① McCullough M. E., Emmons R. A. & Tsang J., "The Grateful Disposition: A Conceptual and Empirical Topography", *Journal of Personality and Social Psychology*, Vol. 82, 2002, pp. 112 – 127.

② Fredrickson B. L., "The Role of Positive Emotions in Positive Psychology: The Troaden-and-build Theory of Positive Emotions", *American Psychologist*, Vol. 56, 2001, pp. 218 – 226.

道德功能：第一，道德计量功能，即施惠者做出的善行让受惠者感受越强，受惠者的幸福感就越强。作为一种道德"晴雨表"，感戴依赖于社会认知信息的输入。人们在下列情况下更容易体验到感戴心情：当他们收到特别有价值的帮助时；施惠者花费了很大的努力和代价；施惠者所花费的努力和代价是有意的而不是偶然的；施惠者所花费的努力是无偿的。第二，道德激发功能，它能促使感戴的人做出善行。从这种意义上来说，感戴可能是潜在的互惠利他主义的一种动机机制。McCullough 同时假设，感戴会阻止不道德行为发生。第三，道德强化功能，施惠者会做出更多的亲社会行为。对施惠者的亲社会行为表示感激，可使施惠者在将来表现出更多的道德行为，因而感戴可视为一种具有高度适应性的情感。

1. 作为道德"晴雨表"的感戴

感戴作为一种道德"晴雨表"，说明感戴对情感反应变化具有一定的敏感度，其依赖于社会认知信息的输入。当个体受到的帮助是有价值的，是施惠者花费了很大的努力和代价的，并且这种努力和代价是无偿的，人们在这种情况下更容易产生感戴情绪。

2. 作为道德动机的感戴

感戴不仅是一种个体认识到他人对自己的帮助并由此提升自己的幸福感时所体验到的原型情绪，而且还能够激发受惠者产生利他行为，即感戴具有动机功能。这可能是基于互惠利他主义的一种潜在的动机机制，即"人们应该帮助有恩于自己的人，不应该伤害那些曾经帮助过自己的人"。

3. 作为道德强化物的感戴

受惠者的感激可能强化施惠者的道德行为动机，促使其做出更多的亲社会行为。研究证实，在合作中表达感谢，即使是口头表达，也能够稳固合作关系，维系合作行为[①]。

三　感戴的相关研究

（一）感戴与人格

国内外研究者对感戴和人格之间的关系进行了大量的研究。研究发

[①] Lambert N. M., Clark M. S., Durtschi J., et al., "Benefits of Expressing Gratitude: Expressing Gratitude to a Partner Changes One's View of the Relationship", *Psychological Science*, Vol. 21, 2010, pp. 574–580.

现,感戴和大五人格中的宜人性高相关,与外倾性正相关,与情绪性负相关①。然而,许多学者指出,人格与感戴之间并不是线性相关,大五人格对感戴倾向这个变量的解释只在40%—45%②。

(二) 感戴与心理健康

一项纵向研究发现,高水平的感戴与直接感知到的社会支持呈显著正相关,并且能够显著改善或减少压力和抑郁③;感戴个体更容易拥有高质量的睡眠④。在患风湿性关节炎的群体中有感戴倾向的个体更少地体验到烦闷、焦急、愤怒等负性情绪⑤。

(三) 感戴与幸福感

幸福感产生的重要基础之一是感戴倾向。感戴的适应功能会增强个体与社会的关系,进而使个体的社会资源更丰富,也体会到更多的幸福感⑥⑦。研究发现,接受感戴训练后的被试更容易以积极、阔达的态度评估自己的生活,并且可以极大程度地提升个人的生活满足感,情绪水平测试也发现他们拥有较高水平的正性情绪和较低水平的负性情绪⑧。

---

① McCullough M. E. , Emmons R. A. & Tsang J. , "The Grateful Disposition: A Conceptual and Empirical Topography", *Journal of Personality and Social Psychology*, Vol. 82, 2002, pp. 112 – 127.

② McCullough M. E. , Tsang J. A. & Emmons R. A. , "Gratitude in Intermediate Affective terrain: Links of Grateful Moods to Individual Differences and Daily Emotional Experience", *Journal of Personality and Social Psychology*, Vol. 86, 2004, pp. 295 – 309.

③ Wood A. M. , Maltby J. , Gillett R. , et al. , "The Role of Gratitude in the Development of Social Support, stress, and Depression: Two Longitudinal Studies", *Journal of Research in Personality*, Vol. 42, 2008, pp. 854 – 871.

④ Wood A. M. , Joseph S. & Maltby J. , "Gratitude Predicts Psychological Well-being Above the Big Five facets", *Personality and Individual Differences*, Vol. 46, 2009, pp. 443 – 447.

⑤ Laird S. P. , Snyder C. R. , Rapoff M. A. & Green S. , "Measuring Private Prayer: Development, Validation, and Clinical Application of the Multidimensional Prayer Inventory", *International Journal for the Psychology of Religion*, Vol. 14, 2004, pp. 251 – 272.

⑥ Fredrickson B. L. , "Gratitude, Like Other Positive Emotions, Broadens and Builds", *The Psychology of Gratitude*, Vol. 145, 2004, p. 166.

⑦ Algoe S. B. , Haidt J. & Gable S. L. , "Beyond Reciprocity: Gratitude and Relationships in Everyday Life", *Emotion*, Vol. 8, 2008, pp. 425 – 429.

⑧ Emmons R. A. & McCullough M. E. , "Counting Blessings Versus Burdens: An Experimental Investigation of Gratitude and Subjective Well-being in Daily Life", *Journal of Personality and Social Psychology*, Vol. 84, 2003, pp. 377 – 389.

第二节 感戴的道德功能

一 感戴的回报属性

感戴被认为是一种与幸福高度相关的积极心理因素,它是当施惠者对受惠者施以令人感激的善意的行为时,使受惠者感受到幸福并激励其对施惠者做出回报行为的一种情绪。

研究者要求被试给自己的好朋友写信,根据信的内容随机分为三组,感戴组需要在信中回忆过去朋友曾经帮助过自己的经历;钦佩组需要回忆朋友在能力上非凡的地方;中性组则回忆一件曾经发生的中性事件,以此来考察三组行为倾向的差异。结果发现,感戴能促进施惠者和受惠者之间的关系[1]。

二 感戴的亲社会功能

研究发现,高感戴特质者会表现出更多的亲社会行为倾向,并且特质感戴能够预测慈善捐赠任务中较高的捐赠数额以及信任游戏中较大的分配(transfer)和回报(return)数额[2]。感戴情绪会促进亲社会行为,即使亲社会行为会带来一定的代价[3]。Tsang 和 Martin(2017)进一步考察了施惠者相似性(benefactor similarity)、意图(intention)、将来收益(future benefits)和匿名(anonymity)对感戴和亲社会行为关系的影响,研究发现,上述因素不会影响二者之间的关系,再次验证了感戴的亲社会功能[4]。

---

[1] Algoe S. B. & Haidt J., "Witnessing Excellence in Action: the 'Other-praising' Emotions of Elevation, Gratitude, and Admiration", *Journal of Positive Psychology*, Vol. 4, 2009, pp. 105 – 127.

[2] Yost-Dubrow R. & Dunham Y., "Evidence for a Relationship Between Trait Gratitude and Prosocial Behavior", *Cognition & Emotion*, Vol. 32, 2018, pp. 397 – 403.

[3] Bartlett M. Y. & Desteno D., "Gratitude and Prosocial Behavior", *Psychological Science*, Vol. 17, 2016, pp. 319 – 325.

[4] Tsang J. A. & Martin S. R., "Four Experiments on the Relational Dynamics and Prosocial Consequences of Gratitude", *Journal of Positive Psychology*, Vol. 3, 2017, pp. 1 – 18.

感戴情绪还会激励受惠者做出回报施惠者的行为①。该研究中，告知被试将和另一被试完成四轮的资源分配任务，任务过程中不能进行口头交流，但在某几轮中会有机会以书面形式沟通。实际上，被试只需完成三轮资源分配任务，且另一名被试是不存在的"假被试"。被试还被告知每轮中将在他和另一名被试间分配10美元，有些任务中分配权将被赋予他或另一名被试，其余任务中钱将随机分配。第一轮中被试获得3美元，告知其搭档获得7美元。第二轮中将被试随机分配到感戴条件和控制条件，感戴条件下告知被试搭档分给他9美元，自己只留下1美元，并伴有一张手写便签"我看到你在上一轮中没有得到很多钱——那一定是很糟糕的"。控制条件下只告知被试获得9美元，搭档获得1美元。第三轮中两种条件下的被试都获得分配权，在被试做出分配决定后，需要完成一份调查问卷，测查该分配决定背后的原因。该问卷包含以下项目："赚钱""公平""帮助搭档""表达感激""建立正义""履行义务"和"行为道德"，要求被试回答在多大程度上受到这些项目的影响。结果发现，感戴条件的被试在第三轮中分配较多的钱给搭档，并且在回答分配动机时在"表达感激"项目上程度较高。不仅如此，感戴情绪同样会激励受惠者对其他个体施以善行。研究表明，早年受到他人帮助的学生长大后，更倾向于去做慈善，为了感谢那些曾经帮助过他们的人，从而用同样的方式回馈社会②。

此外，研究还发现，感戴情绪对于削弱道德伪善行为可以起到一定作用③。该研究比较了积极情绪自豪和感戴对道德伪善的影响。自豪和感戴条件下，要求被试尽可能生动地回忆一件令自己感到自豪或感戴的事情，控制条件下被试不进行回忆任务；随后被试完成任务分配，请被试独自给自己和另一名被试（虚拟）分配任务，任务分为积极（有奖励/无惩罚）和中性（无惩罚/任务枯燥）两种，被试可以选择直接分配或通过

---

① JoAnn Tsang. ,"Brief Report Gratitude and Prosocial Behaviour: An Experimental Test of Gratitude", *Cognition & Emotion*, Vol. 20, 2006, pp. 138 – 148.

② Peterson B. E. & Stewart A. J. , "Antecedents and Contexts of Generativity Motivation at Midlife", *Psychology & Aging*, Vol. 11, 1996, pp. 21 – 33.

③ Tong E. M. W. & Yang Z. , "Moral Hypocrisy of Proud and Grateful People", *Social Psychological & Personality Science*, Vol. 2, 2011, pp. 159 – 165.

掷硬币分配任务，然后报告自己的任务分配结果。结果发现，与控制组相比，自豪条件下被试的道德伪善行为无差异，感戴条件下被试的道德伪善行为有所减少。

国内研究者对感戴的亲社会功能进行了大量研究。研究以不同群体为对象，均发现感戴情绪可以提高精神上的幸福感，并激发个体做出捐赠、帮助等更多的亲社会行为[1][2][3][4]。研究还发现特质感戴能够预测个体的亲社会行为[5]。

三 感戴表达的亲社会功能

受惠者的感戴表达能够进一步促进施惠者的亲社会行为。研究者对其背后的心理机制进行了考察[6]。该研究考察了能动机制—自我效能（Agentic Mechanism：Self-Efficacy）和社会机制—社会价值（Communal Mechanism：Social Worth）在其中的作用。实验中要求被试帮助学生修改求职信，并将修改后的求职信直接邮件发给学生，被试随后收到学生的回复邮件，控制组条件邮件内容如下："亲爱的××，请知悉我已经收到了你对我求职信的反馈，请问你能否帮我修改一下我准备的另一封求职信并在三天内给我回复？"感戴表达组邮件内容如下："亲爱的××，谢谢你。非常感激你帮我修改求职信。请问你能否帮我修改一下我准备的另一封求职信并在三天内给我回复？"另外，实验者给被试发送链接，要求被试在线完成自我效能、社会价值、积极和消极情绪问卷。结果发现，更多感戴表达条件下的被试愿意修改第二封求职信，并且社会价值感在其中起中介作用。研究表明，受惠者的感戴表达会增强施惠者的社会价值感，进而促进施惠者的亲社会行为。

---

[1] 侯小花：《中学生感恩的个体差异及其与亲社会行为的关系研究》，湖南师范大学博士论文，2009年。
[2] 张群华：《小学儿童感戴与助人行为的关系及干预研究》，苏州大学博士论文，2012年。
[3] 周欣：《感戴对助人行为的影响》，浙江师范大学博士论文，2012年。
[4] 陈欣：《人际信任、社会价值取向、感戴与合作的关系探讨》，《心理研究》2016年第9期。
[5] 徐伟虹：《大学生移情、感戴与利他行为的相关研究》，上海师范大学博士论文，2017年。
[6] Grant A. M. & Gino F., "A Little Thanks Goes a Long Way: Explaining Why Gratitude Expressions Motivate Prosocial Behavior", *Journal of Personality and Social Psychology*, Vol. 98, 2010, pp. 946–955.

第 七 章

厌恶——"厌之深,责之切"

第一节 厌恶概述

一 厌恶加工的模型

厌恶是一种典型的道德情绪,从进化论的角度来看,它源于哺乳动物天生的食物拒绝系统,是自然选择的结果。远古时代的人们为了躲避致病因子的入侵而拒绝食用外表变色、触感黏稠的食物,由此产生了厌恶情绪[1][2]。后来人们进一步将厌恶情绪与动物的排泄物、腐烂的尸体等易引发疾病传播的物体相关联,进而推广到对不符合社会规范的人和行为的厌恶[3]。逐渐地,厌恶开始与人类的自我意识和行为表现相关联,并从生理厌恶上升到心理厌恶。

研究者提出了厌恶加工的三阶段模型(three-layer scheme of disgust)[2](如图7—1所示)。该模型表明,加工过程的第一阶段为对厌恶刺激的感知,厌恶的刺激物主要包括蟑螂、乱伦与不公平事件。加工的第二阶段为厌恶评估,即这些刺激物引发的个体一系列的心理活动。第三阶段为厌恶输出阶段,对于厌恶刺激评估后,个体自然产生反感情绪,神经系统活动表现出情绪、行为以及生理反应。除此之外还有另外两种厌恶加

---

[1] Tybur J. M., Lieberman D. & Griskevicius V., "Microbes, Mating, and Morality: Individual Differences in Three Functional Domains of Disgust", *Journal of Personality and Social Psychology*, Vol. 97, 2009, pp. 103–122.

[2] Rozin P., Haidt J. & Fincher K., "From Oral to Moral", *Science*, Vol. 323, 2009, pp. 1179–1180.

[3] Haidt J. & Graham J., "When Morality Opposes Justice: Conservatives Have Moral Intuitions That Liberals May not Recognize", *Social Justice Research*, Vol. 20, 2007, pp. 98–116.

工方式。首先，苦味是引起厌恶情绪的最原始刺激，该刺激可以直接作用于厌恶输出阶段，无须进行刺激评价。道德厌恶刺激也可以直接作用于厌恶输出阶段。其次，道德厌恶刺激激活了"厌恶"这一词语标签，该词语进一步诱发了厌恶的输出。

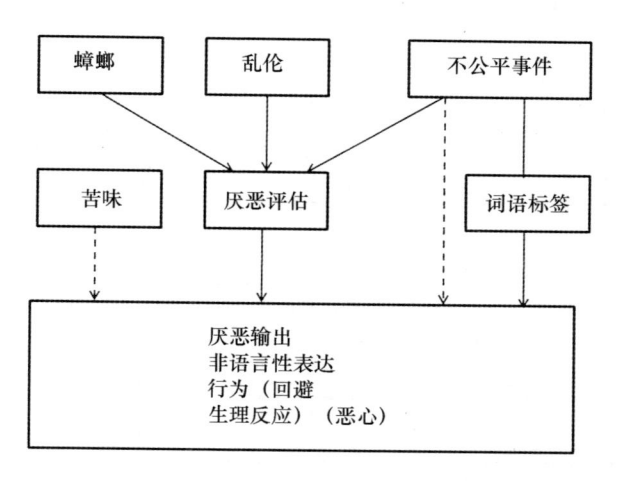

```
   ┌──────┐    ┌──────┐    ┌──────────┐
   │ 蟑螂 │    │ 乱伦 │    │不公平事件│
   └──┬───┘    └──┬───┘    └────┬─────┘
      │           │             │
      ▼           ▼             ▼
   ┌──────┐   ┌──────┐      ┌──────────┐
   │ 苦味 │   │厌恶评估│    │ 词语标签 │
   └──┬───┘   └──┬───┘      └────┬─────┘
      ╎          ╎                ╎
      ▼          ▼                ▼
   ┌─────────────────────────────────┐
   │ 厌恶输出                        │
   │ 非语言性表达                    │
   │ 行为（回避）                    │
   │ 生理反应）（恶心）              │
   └─────────────────────────────────┘
```

图7—1　厌恶加工的三阶段模型

随着人类的进化和个体的发展，诱发厌恶的刺激类型也不断增加，从进化早期的味觉刺激，到后来脱离味觉的刺激，再到更为抽象的社会性刺激。厌恶模型根据刺激类型的不同将厌恶分为四类：（1）核心厌恶，这是一种生存性厌恶情绪，对保护个体的存在具有重大意义；（2）动物性知觉厌恶，个体避免意识到自身的动物性自然属性；（3）人际交往厌恶，主要为了保护灵魂安宁和维护社会秩序而回避交往；（4）道德性厌恶，个体对违反道德规范事件的厌恶。一般认为，前两种厌恶情绪主要是一种生存性情绪，对个体的生命存在重要影响，而后两种是个体受社会文化和认知评价作用而产生的情绪，属于发展性情绪，对个体的社会性发展有重大作用。

研究者还从功能的角度根据刺激类型的不同进行划分，将厌恶分为病原体厌恶、性厌恶和道德厌恶三类，该模型认为所有厌恶的诱发刺激中，除了性和道德冒犯，都可被认为是不同来源的传染物，因而将这类刺激诱发的厌恶称为病原体厌恶①。传统模型认为，性之所以引发厌恶是因为它使得个体想起了自身的动物本性，而该模型认为性厌恶可以避免与危及生殖的同伴进行性接触。传统模型认为道德厌恶可以维护社会秩序，而该模型认为道德厌恶通过向他人表达对违反规则的人的谴责来维护个人的利益（见图7—2）。

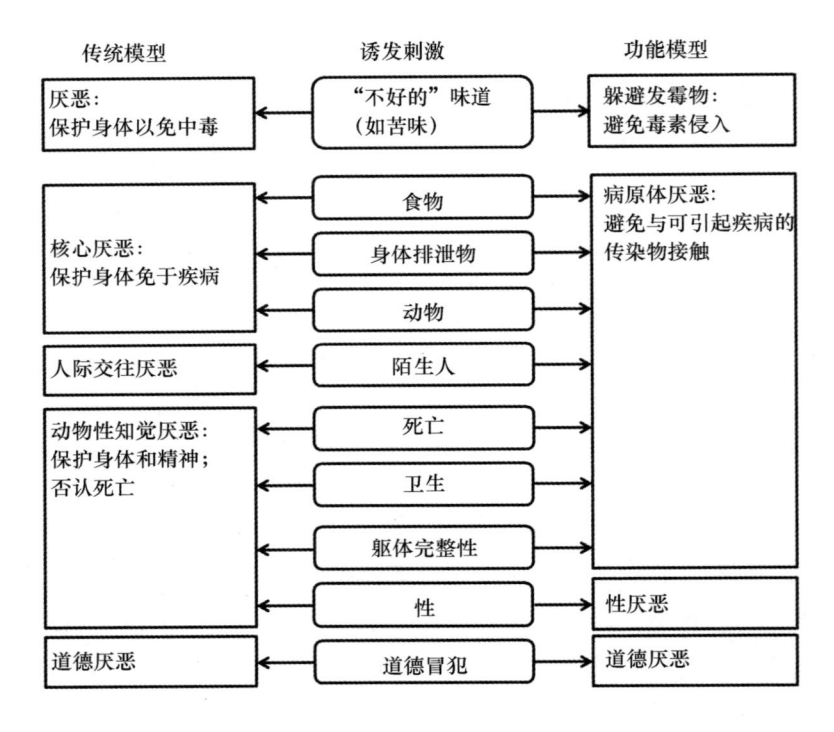

传统模型	诱发刺激	功能模型
厌恶：保护身体以免中毒	"不好的"味道（如苦味）	躲避发霉物：避免毒素侵入
核心厌恶：保护身体免于疾病	食物	病原体厌恶：避免与可引起疾病的传染物接触
	身体排泄物	
	动物	
人际交往厌恶	陌生人	
动物性知觉厌恶：保护身体和精神；否认死亡	死亡	
	卫生	
	躯体完整性	
	性	性厌恶
道德厌恶	道德冒犯	道德厌恶

图7—2　厌恶模型（来自 Tybur 等，2013）

二　厌恶加工的生理和神经机制

厌恶的生理反应主要表现为心率降低，皮电升高，副交感神经系统

---

① Tybur J. M., Lieberman D. & Griskevicius V., "Microbes, Mating, and Morality: Individual Differences in Three Functional Domains of Disgust", *Journal of Personality and Social Psychology*, Vol. 97, 2009, pp. 103–122.

兴奋,自主神经系统中消化系统的活动增强,心血管系统活动减弱①②③,并伴有呼吸变缓现象④。

厌恶加工的主要脑区为脑岛和基底节。研究发现,前部脑岛参与了加工令人不愉悦的味觉刺激⑤。后来研究者采用颅内植入电极的方法研究人们加工厌恶、恐惧、高兴、惊讶以及中性表情时的大脑反应,发现前部脑岛在刺激呈现300ms后会出现一个持续200ms左右的成分,厌恶表情在该成分上的波幅显著大于其他几种表情⑥。另有研究者采用fMRI技术发现,厌恶图片激活了前部脑岛,被试主观评价的厌恶情绪的强度与脑岛的激活程度呈正相关⑦⑧。基底节参与厌恶加工的证据主要来自对基底节受损病人的研究⑨。

厌恶加工的相关脑区为前扣带回和杏仁核。无论是体验厌恶情绪还是观看他人的厌恶表情,甚至是在无意识条件下加工厌恶情绪,前扣带回都被激活了。杏仁核和脑岛在某些情绪加工中存在共变关系,脑岛是厌恶加工的重要结构,因此杏仁核也参与了厌恶加工。除此之外,丘脑和内侧前额叶也参与了厌恶加工。

---

① Demaree H. A., Schmeichel B. J., Robinson J. L., et al., "Up-and Down-regulating Facial Disgust: Affective, Vagal, Sympathetic, and Respiratory Consequences", *Biological Psychology*, Vol. 71, 2006, pp. 90 – 99.

② Rohrmann S. & Hopp H., "Cardiovascular Indicators of Disgust", *International Journal of Psychophysiology*, Vol. 68, 2008, pp. 201 – 208.

③ Van Overveld W. J. M., de Jong P. J. & Peters M. L., "Digestive and Cardiovascular Responses to Core and Animal-reminder Disgust", *Biological Psychology*, Vol. 80, 2009, pp. 149 – 157.

④ Ritz T., Thöns M., Fahrenkrug S. & Dahme B., "Airways, Respiration, and Respiratory Sinus Arrhythmia During Picture Viewing", *Psychophysiology*, Vol. 42, 2005, pp. 568 – 578.

⑤ Phillips M. L., Young A. W., Senior C., et al., "A Specific Neural Substrate for Perceiving Facial Expressions of Disgust", *Nature*, Vol. 389, 1997, pp. 495.

⑥ Krolak-Salmon P., Hénaff M. A., Isnard J., et al., "An Attention Modulated Response to Disgust in Human Ventral Anterior Insula", *Annals of Neurology*, Vol. 53, 2003, pp. 446 – 453.

⑦ Wright P., He G., Shapira N. A., Goodman W. K. & Liu Y., "Disgust and the Insula: fMRI Responses to Pictures of Mutilation and Contamination", *Neuroreport*, Vol. 15, 2004, pp. 2347 – 2351.

⑧ Stark R., Zimmermann M., Kagerer S., et al., "Hemodynamic Brain Correlates of Disgust and Fear Ratings", *Neuroimage*, Vol. 37, 2007, pp. 663 – 673.

⑨ Montoya A., Price B. H., Menear M. & Lepage M., "Brain Imaging and Cognitive Dysfunctions in Huntington's Disease", *Journal of Psychiatry and Neuroscience*, Vol. 31, 2006, pp. 21 – 29.

第二节　厌恶对道德判断和道德行为的影响

自 Darwin 将厌恶作为一种基本情绪一直到 1990 年，这段时期对厌恶的研究几乎处于空白状态，这不仅是由于厌恶情绪相对其他情绪（如恐惧、愤怒）对研究者的吸引力较弱，还因为厌恶情绪本身就是令人厌恶的，因此研究者较少将其作为研究对象。自 1990 年后，厌恶情绪又重新回到研究者的视线，原因在于人们逐渐认识到厌恶与社会文化甚至心灵问题息息相关，而且厌恶情绪本身也具有一些值得研究的特性。

一　厌恶与道德判断

厌恶对判断与决策的"不合理"影响是研究者的兴趣点之一。大量研究发现，厌恶情绪会导致个体对违反道德准则事件的评价更苛刻。研究者考察了厌恶情绪对道德判断的影响，将被试分为实验组（需要闻某种难闻的气体）和控制组，结果发现，实验组被试的道德判断更为苛刻，同时发现这种效应受到被试自身厌恶敏感性的影响[1]。另有研究者通过令人作呕的气味、脏乱的环境、回忆过去令人厌恶的事件或视频诱发被试的厌恶情绪，然后让其进行道德判断，同样发现无论何种诱发方式都会使被试的判断更为严苛[2]。研究发现厌恶敏感性高的被试更容易给嫌疑犯定罪，并主张更重的刑罚，以及高估当地社区的犯罪率[3]；厌恶启动后被试对男同性恋问题的态度也更苛刻[4][5]。研究者利用道德两难困境范式探究了愤怒和厌恶情绪对道德判断影响的差异，结果发现，愤怒组被试倾

---

[1] Wheatley T. & Haidt J., "Hypnotic Disgust Makes Moral Judgments More Severe", *Psychological Science*, Vol. 16, 2005, pp. 780 – 784.

[2] Schnall S., Haidt J., Clore G. L. & Jordan A. H., "Disgust as Embodied Moral Judgment", *Personality & Social Psychology Bulletin*, Vol. 34, 2008, pp. 1096 – 1109.

[3] Jones A. & Fitness J., "Moral Hypervigilance: The Influence of Disgust Sensitivity in the Moral Domain", *Emotion*, Vol. 8, 2008, pp. 613 – 27.

[4] Inbar Y., Pizarro D. A., Knobe J. & Bloom P., "Disgust Sensitivity Predicts Intuitive Disapproval of Gays", *Emotion*, Vol. 9, 2009, pp. 435 – 439.

[5] Inbar Y., Pizarro D. A. & Bloom P., "Disgusting Smells Cause Decreased Liking of Gay Men", *Emotion*, Vol. 12, 2012, pp. 23 – 27.

向于做出功利性的选择,厌恶组被试倾向于做出非功利性的选择①。

研究者考察了厌恶情绪影响道德判断的发展特点,以小学一年级、四年级和成人为被试,结果发现,启动厌恶情绪后,四年级和成人被试对道德违背行为的错误程度判断更为严格,且四年级被试对行为的回避程度也更高。一年级被试在厌恶启动和控制条件下的道德判断差异不显著。该结果反映了厌恶情绪对道德判断的影响是从无到有逐渐发展的②。

为什么与道德信念无关的厌恶情绪会影响个体的道德判断呢?Forgas对这一影响作用提出了一个综合的解释模型——情绪渗透模型(Affect Infused Model,AIM),该模型认为情绪对道德判断的作用主要受两方面的影响:(1)个体所采用的判断策略;(2)努力最小化的信息加工偏好。Forgas还提出四种判断策略:(1)直接性策略;(2)动机性策略;(3)启发性策略;(4)本质性策略。并指出前两种策略受情绪影响较弱,而且对信息加工的努力程度最小,因此个体往往倾向于采用这两种策略;但是当环境中存在新的刺激,尤其是情绪刺激,个体则会将情绪信息纳入判断过程中,并偏好采用后两种判断策略,从而影响道德判断结果③。其他研究也认为个体通常把情绪作为一种环境信息来形成他们的判断结果。他们指出,瞬时的情绪状态能够影响个体的判断过程,相对于积极情绪,消极情绪更能让个体对事物做出有偏差的归因,消极情绪下个体更倾向于采用自下而上的信息加工方式来判断事物④。另外,情绪是具有自身特性的⑤,而厌恶是一种特殊的内脏情绪,与呕吐、反胃、喉咙不适和拒绝事物的系列动作有关,与情绪有关的生理机能的激活也会影响道德判断。

---

① Ugazio G., Lamm C. & Singer T., "The Role of Emotions for Moral Judgments Depends on the Type of Emotion and Moral scenario", *Emotion*, Vol. 12, 2012, pp. 579–590.
② 彭明、张雷:《厌恶情绪影响道德判断的发展研究》,《心理科学》2016年第5期。
③ Forgas J. P., "Mood and Judgment: The Affect Infusion Model (aim)", *Psychological Bulletin*, Vol. 117, 1995, pp. 39–66.
④ Schwarz N. & Clore G. L., "Mood as Information: 20 Years Later", *Psychological Inquiry*, Vol. 14, 2003, pp. 296–303.
⑤ Horberg E. J., Oveis C. & Keltner D., "Emotions as Moral Amplifiers: An Appraisal Tendency Approach to the Influences of Distinct Emotions Upon Moral Judgment", *Emotion Review*, Vol. 3, 2011, pp. 1–8.

二 厌恶与道德行为

研究者通过考察厌恶对道德行为的影响发现，道德厌恶可以减少不道德行为的发生①。诱发被试的厌恶情绪后，发现被试在通牒博弈任务中对不公平方案的拒绝率显著升高②。然而也有研究发现，核心厌恶会使得经济博弈任务中个体的欺骗行为增加，以便获得更多收益。这可能是由于核心厌恶情绪具有自我保护作用，使得个体倾向于做出更多的利己行为③。后续研究者比较了核心厌恶和道德厌恶对欺骗行为的不同影响，结果发现，核心厌恶情绪唤醒后，欺骗行为显著多于对照组；道德厌恶情绪唤醒后，欺骗行为与对照组无差异④。

---

① Rozin P., Haidt J. & McCauley C. R., "Disgust", In M. Lewis & J. M. Haviland (Eds.), *Handbook of Emotions*, New York, NY: Guilford Press, 2000, pp. 637–653.

② Moretti L. & Di P. G., "Disgust Selectively Modulates Reciprocal Fairness in Economic Interactions", *Emotion*, Vol. 10, 2010, pp. 169–80.

③ Winterich K. P., Mittal V. & Morales A. C., "Protect Thyself: How Affective Self-protection Increases Self-interested, Unethical Behavior", *Social Science Electronic Publishing*, Vol. 125, 2014, pp. 151–161.

④ 陈思思：《厌恶情绪对大学生道德行为的影响及其心理机制研究》，天津师范大学博士论文，2017年。

第 八 章

愤怒——"迁怒于人"或"义愤填膺"

第一节 愤怒概述

一 愤怒的概念

愤怒是人们日常生活中的一种基本情绪,也是道德情绪的一种。研究者们从不同的角度对愤怒进行了界定。

研究者从情绪强度的角度对愤怒进行了界定,认为愤怒是由强度不断变化的一系列的感觉所构成的情绪状态,感觉强度从轻度的苦恼到强烈的愤怒,最后到狂怒或暴怒[1]。

另有研究者从愤怒体验及相关因素的角度对其进行界定,认为愤怒是一种强度和持久性不断改变的负性情绪状态,通常与情绪唤醒和被他人误解的感知相联系[2]。

国内研究者对上述界定总结后认为,愤怒是个体受到诸如攻击,侮辱等外界的刺激后或体验到意愿被压抑,受到挫折或伤害时产生的一种情绪体验,通常伴有更强的自我唤醒,强烈的防御或攻击等高能量消耗行为[3]。

研究者对愤怒的构成因素也进行了探讨,认为愤怒是由愤怒的情绪

---

[1] Spielberger C. D., Jacobs G., Russell S. & Crane R. S., "Assessment of Anger: The State-trait Anger Scale", *Advances in Personality Assessment*, Vol. 2, 1983, pp. 159 – 187.

[2] Kassinove H. & Sukhodolsky D. G., "Anger Disorders: Basic Science and Practice Issues", *Issues in Comprehensive Pediatric Nursing*, Vol. 18, 1995, pp. 173 – 205.

[3] 赵东伟:《愤怒、厌恶情绪对道德判断影响的差异研究》,中国地质大学硕士论文,2012年。

体验，愤怒的认知和愤怒的表达方式这些相互关联的方面组成[1]。Spielberger 在状态—特质愤怒理论（State-Trait Anger Theory）中把愤怒分为状态愤怒和特质愤怒。状态愤怒包含的范围很广，从微怒到盛怒，体现出不同程度的愤怒情绪状态。特质愤怒则为存在于个体内部的稳定的去情境化的愤怒倾向，是一种在愤怒的频率、持续时间和强度上持久而稳定的人格特质[2]。

二 愤怒的动机方向

情绪具有动机功能，愤怒作为一种特殊的负性情绪，其动机方向并不确定。通常研究者认为愤怒具有趋近动机的性质[3]，但一些研究者却发现愤怒与回避动机相关[4][5]。基于愤怒动机方向的不确定性，研究者提出了新的观点，有条件地揭示愤怒与动机的关系，包括特异性假说[6]和愤怒表达假说[7]。

特异性假说认为，愤怒具有趋近和回避两种性质。愤怒可以分为非特异性成分和特异性成分。非特异性成分是指愤怒与其他负性情绪相同的部分，主要与回避动机相关；而特异性成分是指愤怒与其他负性情绪不同的部分，与趋近动机有更强烈的联结。

---

[1] Russell G. W. & Arms R. L., "False Consensus Effect, Physical Aggression, Anger, and a Willingness to Escalate a Disturbance", *Aggressive Behavior*, Vol. 21, 1995, pp. 381–386.

[2] Spielberger C. D., Jacobs G., Russell S. & Crane R. S., "Assessment of Anger: The State-trait Anger Scale", *Advances in Personality Assessment*, Vol. 2, 1983, pp. 159–187.

[3] Carver C. S. & Harmon-Jones E., "Anger Is an Approach-related Affect: Evidence and Implications", *Psychological Bulletin*, Vol. 135, 2009, pp. 183–204.

[4] Balconi M. & Mazza G., "Lateralisation Effect in Comprehension of Emotional Facial Expression: A Comparison Between EEG Alpha Band Power and Behavioural Inhibition (BIS) and Activation (BAS) Systems", *Laterality: Asymmetries of Body, Brain and Cognition*, Vol. 15, 2010, pp. 361–384.

[5] Stewart J. L., Silton R. L., Sass S. M., et al., "Attentional Bias to Negative Emotion as a Function of Approach and Withdrawal Anger Styles: An ERP Investigation", *International Journal of Psychophysiology*, Vol. 76, 2010, pp. 9–18.

[6] Watson D., "Locating anger in the Hierarchical Structure of Affect: Comment on Carver and Harmon-Jones", *Psychological Bulletin*, Vol. 135, 2009, pp. 205–208.

[7] Zinner L. R., Brodish A. B., Devine P. G. & Harmon-Jones E., "Anger and Asymmetrical Frontal Cortical Activity: Evidence for an Anger-withdrawal Relationship", *Cognition and Emotion*, Vol. 22, 2008, pp. 1081–1093.

愤怒表达假说认为，愤怒与动机的联结发生在愤怒表达阶段。愤怒表达可以分为向外表达和向内表达。向外表达即愤怒外投，是指将愤怒以躯体活动的方式外显地表达出来；向内表达即愤怒内投，是指将愤怒压抑而没有外显的表达。其中，愤怒外投与趋近动机有关，愤怒内投与回避动机有关。

研究者对上述理论进行了总结，认为其存在一些问题：特异性假说具有循环论证的嫌疑，并且缺乏预测力。愤怒何时表现出特异性成分，何时表现出非特异性成分难以通过其他外部指标来衡量。而愤怒表达假说目前缺乏足够有效的证据支持，此外，该假说不能解释在不需要愤怒表达的情况下，为什么愤怒更多地与趋近动机相联结[①]。因此，未来还需要进一步创建一个能够同时兼顾一般性和特殊性的模型来解释愤怒的动机方向。

三 愤怒的相关研究

（一）愤怒的性别差异

研究者考察了在校男女生之间在愤怒三个维度上的差异，发现愤怒的情绪体验没有性别差异[②③]，但在愤怒的认知和表达方式上存在差异。在愤怒的认知上，男性更具有敌意性，而在表达方式上，男性更多地采用消极方式[②]。另有研究发现，在校男生更容易外向地表达愤怒，如采用身体攻击[④]。然而也有研究认为，成年男女在愤怒的体验和表达方式上没有差异[⑤⑥⑦]。

（二）愤怒与人格

研究发现，临床愤怒量表得分与艾森克人格量表和大五人格量表得

[①] 杜蕾：《愤怒的动机方向》，《心理科学进展》2012 年第 20 期。

[②] Boman P., "Gender Differences in School Anger", *International Education Journal*, Vol. 4, 2003, pp. 71 - 77.

[③] Fabes R. A. & Eisenberg N., "Young Children's Coping with Interpersonal Anger", *Child Development*, Vol. 63, 1992, pp. 116 - 128.

[④] Cox D. L., Stabb S. D. & Hulgus J. F., "Anger and Depression in Girls and Boys: A Study of Gender Differences", *Psychology of Women Quarterly*, Vol. 24, 2000, pp. 110 - 112.

[⑤] Averill J. R., "Studies on Anger and Aggression: Implications for Theories of Emotion", *American Psychologist*, Vol. 38, 1983, pp. 1145 - 1160.

[⑥] Stoner S. B. & Spencer W. B., "Age and Sex Differences on the State-trait Personality Inventory", *Psychological Reports*, Vol. 59, 1986, pp. 1315 - 1319.

[⑦] Newman J. L., Gray E. A. & Fuqua D. R., "Sex Differences in the Relationship of Anger and Depression: An Empirical Study", *Journal of Counseling & Development*, Vol. 77, 1999, pp. 198 - 203.

分相关。临床愤怒量表得分与艾森克人格量表中的 N 维度正相关，而和 E 维度负相关；与大五人格量表的外倾性、宜人性和情绪稳定性维度负相关[①]。另有研究发现，愤怒对其人格特征具有一定的预测作用，其中对神经质的预测力最强[②]。

（三）愤怒与身心健康

研究表明，心脏病、胃肠疾病甚至癌症都与愤怒有关，愤怒也是抑郁、焦虑和发展紊乱的临床征兆[③]（Deffenbacher et al., 1996; Shoemaker, Erickson & Finch, 1986; Smith & Furlong, 1998）。

第二节 愤怒的双面性

自研究者将情绪作为研究内容起，愤怒就得到了研究者的普遍关注。但目前心理学家有些过分强调愤怒的负面影响。其中特质愤怒作为一种重要的人格特质，对攻击行为的预测作用受到广泛的关注。

一 特质愤怒与攻击行为

Spielberger 在状态—特质愤怒理论（State-Trait Anger Theory）中把愤怒分为状态愤怒和特质愤怒，并将特质愤怒定义为存在于个体内部的、稳定的去情境化的愤怒倾向，是一种在愤怒的频率、持续时间和强度上持久而稳定的人格特质。一项元分析发现，相对于低特质愤怒个体，高特质愤怒个体在敌意情境下表现出更高的攻击行为倾向[④][⑤]。高特质愤怒

[①] Snell W. E., Gum S., Shuck R. L., et al., "The Clinical Anger Scale: Preliminary Reliability and Validity", *Journal of Clinical Psychology*, Vol. 51, 1995, pp. 215-226.

[②] 高迎浩：《大学生愤怒情绪及其与人格特征的相关研究》，河南大学博士论文，2005 年。

[③] Smith D. C. & Furlong M. J., "Introduction to the Special Issue: Addressing Youth Anger and Aggression in School Settings", *Psychology in the Schools*, Vol. 35, 1998, pp. 201-203.

[④] Bettencourt B. A., Talley A., Benjamin A. J. & Valentine J., "Personality and Aggressive Behavior Under Provoking and Neutral Conditions: A Meta-analytic Review", *Psychological Bulletin*, Vol. 132, 2006, pp. 751-777.

[⑤] Ramirez J. M. & Andreu J. M., "Aggression, and Some Related Psychological Constructs (anger, hostility, and impulsivity) Some Comments from a Research Project", *Neuroscience & Biobehavioral Reviews*, Vol. 30, 2006, pp. 276-291.

个体也更容易在驾驶、工作和家庭中出现攻击行为[①②]。

国内研究者考察了特质愤怒对大学生网络攻击行为的影响,结果发现,特质愤怒显著正向预测大学生网络攻击行为,道德推脱在其中起调节作用。具体而言,在高道德推脱水平下,特质愤怒能显著地正向预测大学生网络攻击行为;而在低道德推脱水平下,特质愤怒对大学生网络攻击行为的预测作用不显著[③]。研究者运用结构方程模型考察了特质愤怒、敌意认知、冲动性水平和攻击行为之间的关系。结果发现,特质愤怒既对攻击行为产生直接影响,也通过敌意认知对攻击行为产生间接影响[④]。另有研究者基于综合认知模型视角考察了特质愤怒对攻击行为的影响,研究采用特质愤怒问卷、愤怒沉思问卷、情绪调节问卷以及攻击性问卷对大学生进行考察,结果发现,对于不同认知重评水平的个体而言,特质愤怒对攻击行为的预测机制不同。具体而言,对于低认知重评个体来说,特质愤怒主要通过敌意认知和愤怒沉思的完全多重中介作用对攻击行为产生预测;对于高认知重评个体来说,特质愤怒主要通过其直接效应对攻击行为产生影响[⑤]。

综合认知模型（Integrative Cognitive Model，ICM）整合了多个相关理论,探讨了在敌意情境下不同特质愤怒水平的个体反应性攻击行为出现差异的内部认知机制,构建了敌意解释、反思注意和努力控制三个核心认知加工过程之间的关系模型[⑥]。该模型认为,在敌意情境下,个体首先

---

① Maldonado R. C., Watkins L. E. & DiLillo D., "The Interplay of Trait Anger, Childhood Physical Abuse, and Alcohol Consumption in Predicting Intimate Partner Aggression", *Journal of Interpersonal Violence*, Vol. 30, 2015, pp. 1112 – 1127.

② Nesbit S. M. & Conger J. C., "Predicting Aggressive Driving Behavior from Anger and Negative Cognitions", *Transportation Research Part F*: *Traffic Psychology and Behaviour*, Vol. 15, 2012, pp. 710 – 718.

③ 金童林、陆桂芝、张璐等:《特质愤怒对大学生网络攻击行为的影响:道德推脱的作用》,《心理发展与教育》2017 年第 33 期。

④ 刘文文、江琦、任晶晶等:《特质愤怒对攻击行为的影响:敌意认知和冲动性水平有调节的中介作用》,《心理发展与教育》2015 年第 33 期。

⑤ 侯璐璐、江琦、王焕贞、李长燃:《特质愤怒对攻击行为的影响:基于综合认知模型的视角》,《心理学报》2017 年第 49 期。

⑥ 杨丽珠、杜文轩、沈悦:《特质愤怒与反应性攻击的综合认知模型述评》,《心理科学进展》2011 年第 19 期。

对该情境进行自动化加工，对这个情境形成一个整体的解释——如果是敌意性的解释，则有可能出现愤怒和反应性攻击行为。在这个过程中会出现个体差异，高特质愤怒的人比低特质愤怒的人更容易形成带有敌意偏见的解释。敌意解释形成之后可以直接诱发愤怒情绪，进而导致愤怒和攻击行为的表达。

二　愤怒情绪与攻击行为

愤怒情绪是一种与当前情境相关的短暂的、反应性表现形式。研究者考察了大学生的愤怒情绪对攻击行为有显著的正向预测作用，道德判断在状态愤怒与外显攻击的关系中起部分中介作用，在状态愤怒与内隐攻击的关系中起完全中介作用[1]。最近的研究探讨了愤怒和悲伤对助人决策（操作为为他人花费的时间和金钱）的影响，并探究了人际责任归因（操作为模糊归因、不可控的情景归因和可控的自我归因）在其中的作用。结果发现，与悲伤情绪相比，愤怒情绪下个体为他人花费的时间和金钱更少。在模糊的人际责任归因条件下，愤怒个体比悲伤个体捐助更少的钱[2]。

Spielberger 认为，愤怒不仅包含愤怒状态和愤怒特质，它还由愤怒的表达与控制方式组成。研究者考察了愤怒水平、愤怒控制与关系性攻击行为的关系，结果发现，愤怒水平和愤怒控制能够预测关系性攻击行为[3]。

三　第三方愤怒的亲社会作用

近年来，研究者开始关注愤怒的积极影响。研究发现，谈愤怒表达能够促使他人改变行为[4]。当向他人表达愤怒时，意味着与他人的关系是

---

[1] 康慧：《大学生愤怒情绪、道德判断与攻击行为的关系研究》，河北大学博士论文，2016年。

[2] 杨昭宁、顾子贝、王杜娟等：《愤怒和悲伤情绪对助人决策的影响：人际责任归因的作用》，《心理学报》2017 年第 49 期。

[3] 柯美玲：《大学生愤怒水平对关系性攻击行为的影响——以愤怒控制为调节变量》，湖北师范大学博士论文，2017 年。

[4] Fischer A. H. & Roseman I. J., "Beat Them or Ban Them: the Characteristics and Social Functions of Anger and Contempt", *Journal of Personality & Social Psychology*, Vol. 93, 2017, pp. 103 – 115.

重要的、有意义的，从而可能促使他人改变行为以达到更好的结果。还有研究发现，愤怒使得个体更愿意分享他们的情绪[1][2]。

最近，研究开始关注"第三方愤怒"的亲社会作用。所谓"第三方愤怒"，即看到他人受到伤害时所体验到的愤怒。研究发现，第三方愤怒能够引发亲社会行为和对受害者的补偿行为[3]。该研究中实验一首先要求被试描述一个令自己感到愤怒的情境（愤怒条件）或这周中平常的一天（控制条件），随后要求被试阅读如下场景："你正在观看两个玩家 Mark 和 Rick 玩游戏。二者要对 100 欧元进行分配。Mark 拥有分配权，但 Rick 没有。Mark 决定分给自己 60 欧元，而给 Rick 40 欧元"。接着被试被告知他们拥有 50 欧元，有三种方式使用这些钱：补偿 Rick（用于补偿的每欧元会帮助 Rick 增加 3 欧元）、惩罚 Mark（用于惩罚的每欧元会使 Mark 减少 3 欧元）和自己保留。每个被试需要填写用于补偿 Rick、惩罚 Mark 和自己保留的数额。结果发现，愤怒组被试分配更多的钱用于补偿行为。实验二将被试随机分配到公平和不公平条件，要求被试阅读如下场景并想象"你正在观看两个玩家 Mark 和 Rick 玩游戏。二者要对 100 欧元进行分配。Mark 拥有分配权，但 Rick 没有"。不公平条件下，Mark 决定分给自己 80 欧元，而给 Rick 20 欧元。公平条件下，Mark 分给自己和 Rick 各 50 欧元。随后，同样被试决定如何使用自己拥有的 50 欧元，补偿、惩罚或自己保留。结果发现，不公平条件诱发更大的愤怒情绪，从而诱发更多的补偿和惩罚行为。对此，研究者采用公正理论来解释愤怒的亲社会作用，认为对公正的违背会引发个体的愤怒情绪，愤怒情绪会激活（第三方）惩罚措施，通过对受害者进行补偿来维护公正。

---

[1] Rimé B., "Emotion Elicits the Social Sharing of Emotion: Theory and Empirical Review", *E-motion Review*, Vol. 1, 2009, pp. 60–85.

[2] Wetzer I. M., Zeelenberg M. & Pieters R., "Consequences of Socially Sharing Emotions: Testing the Emotion-response Congruency Hypothesis", *European Journal of Social Psychology*, Vol. 37, 2010, pp. 1310–1324.

[3] Doorn J. V., Zeelenberg M., Breugelmans S. M., et al., "Prosocial Consequences of Third-party Anger", *Theory & Decision*, 2018, pp. 1–15.

第三编

原型道德情绪

第九章

共情——感同身受

第一节 共情概述

一 共情的概念

共情的概念最早由德国哲学家、心理学家利普斯（Lipps）提出，他认为在认识领域里存在着物、自我和他者的自我三部分。物是凭感性的知觉来理解的，自我要通过内部的知觉才能理解，而理解他者的自我则必须通过共情。从这个意义上讲，利普斯把共情称作自我的客观化。

研究者认为，共情是对他人情绪状态或情绪条件的反应，共情体验的核心是与他人相一致的情绪状态，而认知过程调节共情唤醒并影响共情体验的程度和性质[1][2]。

另有研究者认为，共情是在条件反射的基础上，在人际互动中，通过模仿、强化逐渐形成的。共情个体由真实或想象中他人的情绪情感状态引起与之一致的情绪情感体验。

二 共情的理论

（一）共情产生的心理机制

共情作为一种间接性情绪，其产生机制和直接性情绪有所不同，根本区别在于：直接性情绪是由刺激事件作用于本人产生的，而共情是由

---

[1] Bengtsson H. & Johnson L., "Perspective Taking, Empathy, and Prosocial Behavior in Late Childhood", *Child Study Journal*, Vol. 22, 1992, pp. 11 – 22.

[2] Eisenberg N., Wentzel N. M. & Harris J. D., "The Role of Emotionality and Regulation in Empathy-related Responding", *School Psychology Review*, Vol. 27, 1998, pp. 506 – 521.

刺激事件作用于他人产生的。心理学家对共情的心理机制进行了不同的解释，大致有以下几种：

1. 条件反射。该解释认为个体之所以在观察到他人的情绪反应时产生共情反应，主要是由于自我情绪受到启动，例如，饥饿的婴儿听到其他婴儿的哭声从而条件反射地哭泣并寻求母乳。

2. 模拟。该解释认为共情的产生与个体对他人情绪反应的模拟直接相关，通过肌肉动作的模仿，个体能够产生与他人类似的情绪体验。

3. 直接联想。该解释认为人的共情过程主要来源于对他人情绪反应的联想，联想到自身相似的生活经验，触景生情，从而产生与他人相一致的情绪反应。

4. 间接联系，也叫象征性联想。这一过程用以解释个体通过语言符号等抽象概念的交流产生的共情。这是更高级的共情反应过程。这种共情需要个体对符号信息的深入加工，从而逐步激活个体的内部体验。

5. 角色采择。角色采择式的共情不再完全依靠自身直接的生活经验，而是能够主动将自身放置在他人的生活背景、角色之中，想象并理解他人的心理状态和情绪体验。

（二）共情的成分和结构模型

对共情的认识有多种不同的看法，其中 Gladstein 于 1983 年提出的两成分理论影响最大。该理论认为共情包括认知共情和情绪共情，其中前者指的是对他人目的、企图、信仰的理解，后者指的是对他人情绪状态的感受[1]。

另有研究者提出了共情的三成分模型，认为共情包括两个认知成分和一个情感成分。认知成分分别是指识别或命名他人情感状态的能力和采取或接受他人观点的能力。情感成分指的则是个体的情绪反应能力[2]。

Davis 认为共情包含四个维度——共情关注（empathic concern）、观点采择（perspective-taking）、想象（fantasy）和个人忧伤（personal dis-

---

[1] Gladstein G. A., "Understanding Empathy: Integrating Counseling, Developmental, and Social Psychology Perspectives", *Journal of Counseling Psychology*, Vol. 30, 1983, pp. 467–482.

[2] Feshbach N. D. & Kuchenbecker S. Y., "A Three Component Model of Empathy", *Cognitive Processes*, 1974, p. 13.

tress）。"共情关注"是指以他人为中心的同情感和关注不幸者的行为倾向；"观点采择"是指个体能够采纳他人心理观点的倾向；"想象"是指将自身移入到一些虚构人物的感受和行为中的倾向；"个人忧伤"则指以自我为中心产生的焦虑感和在进展的人际背景下产生的不适感[1]。

还有研究者脱离传统的共情观提出了共情的人际模型理论。该模型从人际互动的角度描述了共情行为的三阶段环路：第一阶段，倾听者 A 的内部过程，如共情性倾听、推理和对自我表达者 B 的理解；第二阶段，倾听者 A 对自我表达者 B 的情绪表达予以共情性理解和口头表达；第三阶段，自我表达者 B 将倾听者 A 精确的反馈性陈述作为共情接受。这个共情循环是闭合的，所以当他人再次表达某些情绪时，会再次返回到第一阶段。该模型支持了共情和自我表露之间是一种补充关系，认为这两种行为只有在人际交往中同时发生才有意义。倾听者只有在对方自我表露时才可能表达共情。同样，只有当倾听者有共情倾向时，倾诉者才可能更加充分地进行自我表露[2]。

国内研究者在以往研究的基础上提出了共情的动态模型[3]。首先，该模型发展了对共情中情绪和认知并重的传统，并将行为纳入共情模型。其次，发展了共情作为一种心理过程的思想。共情的动态模型涉及情绪、认知和行为三个系统，另外还有作为共情起因的他人的情绪情感或处境以及代表共情作用方向的投向性五个部分。当个体在面对（或想象）他人的情绪情感或处境时，认知和情绪情感系统被唤醒，首先建立与他人的共享；其次在认知到自我与他人是不同的个体且自我的情绪源于他人的前提下产生与他人同形的情绪情感；而后个体对他人的实际处境进行认知评估，结合自身的价值观、道德准则等高级认知来考察"我"共情他人的理由是否成立。若不成立，则过程中止；若成立，那么认知和所产生的情绪情感相结合使个体产生独立情绪情感，可能会伴有相应的行

---

[1] Davis M. H., "Measuring Individual Differences in Empathy: Evidence for a Multidimensional Approach", *Journal of Personality and Social Psychology*, Vol. 44, 1983, pp. 113–126.

[2] Barrett-Lennard G. T., "The Empathy Cycle: Refinement of a Nuclear Concept", *Journal of Counseling Psychology*, Vol. 28, 1981, pp. 91–100.

[3] 刘聪慧、王永梅、俞国良、王拥军：《共情的相关理论评述及动态模型探新》，《心理科学进展》2009 年第 17 期。

为（或行为动机）（外显的或内隐的），最后将自己的认知和情绪情感外投指向他人，即共情发生。需要指出的是：（1）共情的方向。行为和神经科学的研究已发现，个体共情过程中会产生高水平的共情关心和低水平的个人悲伤，且个人悲伤时个体关注疼痛的传导，而共情关心时更关注疼痛的情绪体验。（2）共情是一个瞬间过程，与他人同形的情绪情感和自己独立的情绪情感没有明显的界限，所以在此没有详加区分。（3）研究发现，个体存在避免共情的机制，这说明元认知的作用在共情过程中是很重要的。共情是各部分之间动态的交互作用，元认知参与并调控整个共情过程。

与以往模型相比，共情的动态模型具有以下优点。首先，动态模型从知、情、行多系统的角度关注共情，更完整地反映了共情过程。不但重视了共情的情绪共享机制（镜像神经元理论和情绪共享理论的体现），而且重视了认知成分（心理理论和观点采择的体现），并将认知成分明确化，充分体现了共情过程中个体能动性的参与；并且，将行为成分纳入共情模型在国内当属首次。其次，动态模型充分考虑到共情是自动加工和控制加工的结合，将共情以过程的形式展现，注重了共情的时间进程性特点。最后，该模型从多系统性和时间动态性等角度完整地展现了共情过程的动态特点，更科学地反映出了共情作为一种心理过程的本质，为以后的理论发展和干预研究提供了基础。

（三）共情的发展阶段

共情与个体认知发展水平密切相关，其发展过程呈现出与个体认知发展水平相应的规律性。Hoffman将共情过程分为四个阶段[①]：

第一阶段：普遍性共情（global empathy）

第一阶段发生在婴儿出生后的第一年，刚出生不久的婴儿在听到其他婴儿的哭声时，自己也会随着哭泣，这种反应性哭泣被称为情绪传染，是共情的最初形式，类似于先天反应。这些婴儿不能区分自己与别人的情绪。

第二阶段：自我中心的共情（egocentric empathy）

随着婴儿自我意识的逐步发展，他们已能初步区分自身与他人的情

---

① 刘俊升、周颖：《移情的心理机制及其影响因素概述》，《心理科学》2008年第31期。

绪状态，但还不能真正理解他人的心理状态。他们会以自我为中心，按照自己的方式去帮助他人。

第三阶段：认知的共情（empathy for other's feeling）

处于此阶段的儿童，随着自我意识的增长和语言水平的发展，已能区分他人和自身不同的心理状态，能感受到他人真实的情绪反应。但由于认知能力有限，共情水平并不高。

第四阶段：超越直接情境的共情（empathy for other's life condition）

这一阶段的共情被称为"真正的共情"，这时儿童已经出现自我和他人同一性的概念，不仅能够区分自己和他人当前的情绪状态，并对产生情绪的心理过程进行理解，而且能够从他人实际生活的背景中去理解他人的情绪和情感。

另有研究根据情绪共情和认知共情不同的毕生发展轨迹提出共情的双过程发展模型。情绪共情是与生俱来的能力，初生婴儿即表现出了强大而刻板的情绪分享能力，对他人的情绪线索能够产生强烈的情绪唤醒；但情绪共情在出生后开始有下降趋势，一直到青少年时期；从青少年时期到成年期情绪共情的强度相对稳定，之后又开始逐渐上升。情绪共情的发展轨迹似乎呈现一个U型曲线。情绪共情的发展体现出相对的连续性，不同阶段的反应模式没有质的差异。而认知共情从出生到学步阶段有一个明显发展，在青少年阶段达到成熟，成年之后则出现下降的趋势。认知共情的发展轨迹似乎呈现倒U型曲线，且具有显著的阶段性。

三　共情的神经机制

从当前的认知神经科学研究结果来看，共情的神经基础主要由以下几部分构成：核心情感系统（core emotional system）、镜像神经系统（mirror neuron system）以及心理理论系统（theory of mind system）。

（一）核心情感系统

核心情感系统主要由前脑岛、前扣带回、杏仁核等大脑边缘系统的脑区所构成。当个体产生的感受来源于他人而非自我的条件下，这些脑区的激活说明共情实质性的发生，因此该系统的相关脑区可视为共情的情感神经基础。

(二) 镜像神经系统

镜像神经元是一系列具有感觉运动特性的细胞，最早发现于猴子的前运动皮层 F5 区。在人类大脑中也有类似的结构，主要包括额下回、后顶叶皮质和颞上沟等脑区。研究者认为，该系统内储存了特定行为模式的编码，这种特性不单让个体自动的执行基本动作，同时也让个体在看到别人进行同样的动作时，不用细想就能够心领神会。当个体目击他人受到疼痛刺激或表现出情绪表情时，镜像神经系统的参与使得个体可以通过具身模仿来获得对相关情感的切身体验。因此，可以将镜像神经系统视为引发共情反应产生的重要辅助系统。

(三) 心理理论系统

共情反应的产生常常伴随着复杂的认知推断过程。在这个过程中，对他人心理状态的推断是必不可少的，由此，心理理论能力也是引发共情的重要因素。所谓心理理论是指个体对自己或他人的心理状态，如情绪、意愿和信念等的认识，以及据此对行为进行因果性解释和预测的能力。涉及心理理论功能的脑区主要有内侧前额叶、颞上沟、颞顶交接处、颞极等。其中颞上沟和颞顶交接处连接在一起，主要参与对环境中线索的注意分配及与自我关系的评估功能，而内侧前额叶在对他人心理状态形成元表征的过程中扮演着核心的作用。总之，这些脑区组合在一起，构成了一个可以表征自我及他人心理状态的神经网络。当引发共情的刺激没有那么具体时，个体可以启动心理理论系统，通过将自我"投射"入他人的心理状态中，调动自身过去的情感记忆来产生情感反应。正是心理理论系统的参与，使得共情反应可以摆脱直观情境刺激的限制，从而扩展了人类共情能力的范围。因此，同镜像神经系统一样，心理理论系统也是产生共情的重要辅助系统。

核心情感系统、镜像神经系统以及心理理论系统构成了共情最主要的神经基础，那么这些系统是如何通过相互作用，产生复杂的共情反应的呢？对此，研究者提出了共情的环路模型，首次在系统层面对共情的发生机制进行了阐述[1]。根据该模型，共情的产生既可以通过自下而上的

---

[1] Walter H., "Social Cognitive Neuroscience of Empathy: Concepts, Circuits, and Genes", *Emotion Review*, Vol. 4, 2012, pp. 9 – 17.

情绪信号，又可以通过包含内容和背景的自上而下的信息所激活。其中心理理论共情的发生较为复杂，腹内侧前额叶在心理理论向共情反应转化过程中起着关键的作用。腹内侧前额叶是心理理论系统的重要组成部分，其神经功能主要是对自身产生情感的控制。其具体的作用机制为：首先，个体需要掌握对他人心理状态的推断和了解（这个过程激活的区域为颞顶交接处，颞上沟，背内侧前额叶，后内侧皮质等脑区，在现象上表现为认知心理理论），在了解他人心理状态的基础上，理解客体在该状态下的情感感受（在这个过程中腹内侧前额叶会得到激活，此时的心理状态可以称为情感心理理论），最后，对他人情感状态的理解会通过腹内侧前额叶的连接作用激活表征情绪的相关脑区，即核心情感系统及镜像神经系统，从而达到与具身模仿共情类似的结果。这个模型不仅在神经机制层面上阐明了认知心理理论、情感心理理论以及共情反应的联系和不同，而且在一定程度上解释了传统意义上的"冷"认知加工系统是如何向"热"情感加工系统转化的问题。

四 积极共情的认知神经机制

目前，学者们已对共情进行了大量的研究，但这些研究大多集中在对他人消极情感（如疼痛、厌恶、悲伤等）的共情反应上，研究者将其称之为消极共情（negative emapthy）①。消极共情是当前共情研究中的主流，当研究者提及共情时，一般所探讨的都是此类现象。

事实上，分享和理解他人的积极情感状态一直以来都是宗教领袖、哲学家和科学家们长期探讨的问题。研究者将这种对他人积极情绪状态理解和间接分享的过程及能力称为积极共情（positive empathy）②。积极共情也正在逐渐引起研究者的关注。

（一）积极共情在产生机制上的特点

根据共情反应产生渠道上的不同，可以将其分为情感—知觉（affec-

---

① Morelli S. A., Rameson L. T. & Lieberman M. D., "The Neural Components of Empathy: Predicting Daily Prosocial Behavior", *Sococial Cognitive and Affectieve Neuroscience*, Vol. 9, 2015, pp. 39 - 47.

② 岳童、黄希庭：《认知神经研究中的积极共情》，《心理科学进展》2016 年第 24 期。

tive-perceptual）模式的共情及认知—评价（cognitive-evaluative）模式的共情。前者仅仅通过对基本情绪信息（如具体的动作刺激、面部表情、简单语音等）的观察便可以自动诱发，背后的神经基础主要为镜像神经系统，其实质是一种基于具身模仿的情感共鸣现象；后者需要共情主体将自我投射入他人所处情境中，想象或评价共情客体的心理状态才能产生，神经基础为心理理论系统，其实质是对他人情绪感受"将心比心"的加工过程[①]。积极共情和消极共情的神经基础是一致的，但产生难度上存在差异，并且不同的共情产生通道上表现出不一致的趋势。在基于情感—知觉模式的共情反应中，人们似乎对正性的情绪刺激更容易产生共鸣。然而，当共情反应的产生基于抽象的社会情境时，却发现人们更加难以分享他人成功获益后的愉悦感受。

（二）积极共情的情感表征区域

1. 脑岛

不论是共情他人的积极情感还是消极情感，都会在脑岛处得到表征。尽管脑岛也被视为表征积极共情情感的核心脑区，但是有研究者认为，与消极共情相比两者还是存有差异，主要体现在具体的表征区域上。例如，研究者对 47 篇关于共情的 fMRI 研究进行了元分析，结果发现左侧前脑岛在积极和消极情感共情中都会得到激活，而右侧前脑岛在积极共情反应中没有激活。作者认为这可能是因为左右侧前脑岛在加工情绪信息时的不对称性所致：右侧前脑岛可能仅仅加工消极情感体验；左侧前脑岛的功能比较复杂，它可能对积极和消极情感都能加工，或者仅仅加工积极情感[②]。

2. 奖赏系统

积极共情激活大脑的奖赏系统。研究发现当被试知觉到愉快的面孔时，海马旁回（parahippocampal）—中脑（midbrain）—腹侧纹状体回路的激活程度与个体在共情指数量表上的得分呈正相关，这表明个体共情特质越高，看到愉悦面孔时获得的自我奖励就越多。在一系列以赌博游

---

① 岳童、黄希庭：《共情的神经网络》，《西南大学学报》（社会科学版）2014 年第 40 期。
② Gu X., Hof P. R., Friston K. J. & Fan J., "Anterior Insular Cortex and Emotional Awareness", *Journal of Comparative Neurology*, Vol. 521, 2013, pp. 3371–3388.

戏为范式的研究中也都发现,当个体看到朋友或自己认同的人获得奖励时,自身的腹侧纹状体也会得到激活,这表明发生了替代奖赏(意指看到他人获益后自身所体验到的愉悦感)过程①。

第二节 共情的道德功能

在亲社会行为产生的理论构建中,学者们一直很重视共情在其中的重要作用。研究者最早提出了共情——利他假说(Empathy-altruism Hypothesis),该假说认为,当他人处于困境时,旁观者会产生一种指向受助对象的情绪,包括共情、同情、怜悯等,这种情绪强度越大,个体想解除他人困境的利他动机就越强,从而越有可能采取帮助行为②。社会信息加工模型(Social Information Processing Model,SIP)则强调,个体产生亲社会行为的首要阶段是进行线索编码(Encoding),即个体注意到他人求助的痛苦表情,并对他人的痛苦感同身受,这是决定个体是否实施亲社会行为的前提③。后续研究者提出了捐赠决策的二阶模型(A Two-stage Model of Donaton Decisions),该模型强调,捐赠的认知决策可以分为两个阶段:第一阶段涉及个体是否对他人捐赠,该阶段的认知决策主要受个体自身情绪的影响;第二阶段涉及个体对他人捐赠的数量,该阶段的认知决策受个体对他人共情感受体验的影响④。总之,以上理论均强调了共情在亲社会行为产生中的作用,为共情与亲社会行为的关系提供了丰富的理论依据。

---

① Molenberghs P., Bosworth R., Nott Z., et al., "The Influence of Group Membership and Individual Differences in Psychopathy and Perspective Taking on Neural Responses When Punishing and Rewarding Others", *Human Brain Mapping*, Vol. 35, 2014, pp. 4989–4999.

② Batson C. D., "Prosocial Motivation: Is It Ever Truly Altruistic?", *Advances in Experimental Social Psychology*, Vol. 20, 1987, pp. 65–122.

③ Dodge K. A. & Crick N. R., "Social Information-processing Bases of Aggressive Behavior in Children", *Personality and Social Psychology Bulletin*, Vol. 16, 1990, pp. 8–22.

④ Dickert S., Sagara N. & Slovic P., "Affective Motivations to Help Others: A Two-stage Model of Donation Decisions", *Journal of Behavioral Decision Making*, Vol. 24, 2011, pp. 361–376.

一 共情与亲社会行为

研究表明,对他人所处的负面处境状态的共情能够促进产生关心他人利益的亲社会行为,甚至这些行为有可能损害自己的利益。大量的实证研究验证了共情对亲社会行为的重要影响:共情是促进助人行为的重要因素[1];共情与利他行为、合作行为、捐赠行为等显著正相关[2];共情能够正向预测儿童和青少年的亲社会行为[3]。因此,共情能力与助人行为、利他行为显著正相关[4]。

共情训练能够提高个体的亲社会行为。研究发现共情训练方法与幼儿的亲社会行为之间存在极为密切和积极的相互影响,提高幼儿的共情能力能够促进他们的亲社会行为水平[5][6]。

以往研究大多考察消极共情(对他人消极情绪的共情)对亲社会行为的影响,近年来研究者开始关注积极共情在亲社会行为中的作用。研究发现,积极共情或者仅仅期待分享他人的愉悦能够激发亲社会动机。Batson 进行的一系列研究为积极共情促进亲社会行为提供了实证依据。实验中一组被试被告知将无法获得获助者的反馈,而另一组可以获得获助者的积极反馈,结果发现,有机会获得积极反馈组的被试更愿意提供帮助。原因可能在于被试期待看到受助者积极的结果反馈从而分享其积极情绪,但也可能有其他原因促使被试提供帮助,比如被试可能认为获得

---

[1] Carlo G. & Randall B. A., "The Development of a Measure of Prosocial Behaviors for Late Adolescents", *Journal of Youth and Adolescence*, Vol. 31, 2002, pp. 31–44.

[2] Eisenberg N., Eggum N. D. & Di Giunta L., "Empathy-related Responding: Associations with Prosocial Behavior, Aggression, and Intergroup Relations", *Social Issues and Ppolicy Review*, Vol. 4, 2010, pp. 143–180.

[3] McMahon S. D., Wernsman J. & Parnes A. L., "Understanding Prosocial Behavior: The Impact of Empathy and Gender among African American Adolescents", *Journal of Adolescent Health*, Vol. 39, 2006, pp. 135–137.

[4] 岑国桢、王丽、李胜男:《6—12 岁儿童道德移情、助人行为倾向及其关系的研究》,《心理科学》2004 年第 27 期。

[5] 王楠:《移情训练对 5—6 岁幼儿亲社会行为的影响研究》,陕西师范大学博士论文,2012 年。

[6] 张勤:《移情训练对 3—5 岁幼儿分享行为的干预研究》,天津师范大学博士论文,2016 年。

积极反馈意味着将来有更高的互惠可能性，或者认为自己的帮助对别人有意义。Batson 进一步探讨了人们提供帮助背后的原因，研究中仅仅让被试了解受助者的情况却没有提供帮助的机会，询问被试是否愿意继续跟进受助者的进展（受助者情况好转的可能性分别为 20% 与 80%）。由于被试并没有直接提供帮助，因而研究一中的互惠期待或个人价值等动机无法再促使被试选择观看他人积极结果反馈，而唯有积极共情可能促使人们选择继续跟进受助者的进展。结果发现，人们更愿意继续跟进结果较好（概率为 80%）的情况。上述研究可以视为积极共情促进亲社会行为的一个初始证据[1]。

还有研究发现，积极共情与亲社会行为存在正向相关。认知神经研究发现当个体对积极事件共情时大脑奖赏区域的活动可以预测日常亲社会行为（该亲社会行为由邮件调查所得，如借给别人钱、帮忙拾起掉落的东西、给别人指路、按电梯等）。积极共情程度越高，日常生活中的亲社会水平越高[2]。

研究者提出了积极共情与亲社会行为的关系模型（如图 9—1 所示）[3]。该模型认为，（a）可以感受到积极情感的共情，即积极共情；（b）人们通常希望维持和延长所体验的积极情绪；（c）体验积极情绪可以促进亲社会行为，从而进一步维持积极情绪状态。因此，研究者认为积极共情能够诱发亲社会行为。具体步骤如下：

1. 个体正在表达积极情绪状态，同时该积极情绪状态被环境中的他人所感知。

2. 观察者捕捉和分享积极情绪，同时仍然知道该情绪来源于他人，即积极共情被诱发。

3. 所体验的积极共情促进积极的思维和认知，并且促进积极行为。

---

[1] Batson C. D., "Prosocial Motivation: Is It Ever Truly Altruistic?", *Advances in Experimental Social Psychology*, Vol. 20, 1987, pp. 65 – 122.

[2] Morelli S. A., Rameson L. T. & Lieberman M. D., "The Neural Components of Empathy: Predicting Daily Prosocial Behavior", *Sococial Cognitive and Affectieve Neuroscience*, Vol. 9, 2015, pp. 39 – 47.

[3] Telle N. T. & Pfister H., "Positive Empathy and Prosocial Behavior: A Neglected Link", *Emotion Review*, Vol. 8, 2016, pp. 154 – 163.

该积极行为很可能被感知为奖赏,作为进一步增加和维持积极情感的动机。

4. 当有机会出现时,亲社会行为增加。

该模型概述了积极共情如何被诱发(步骤1和步骤2)以及积极共情如何转化为亲社会行为(步骤3和步骤4),未来研究应进一步对该模型进行验证。

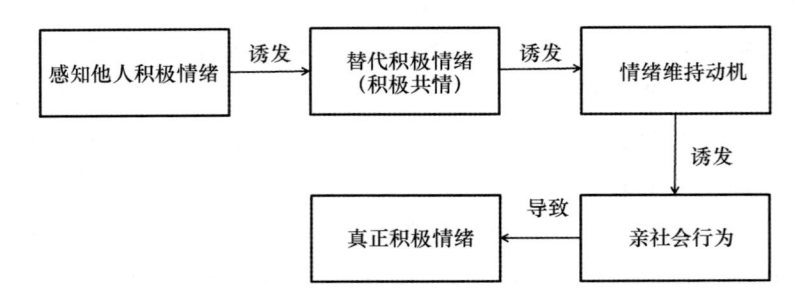

图9—1 积极共情与亲社会行为的关系模型

二 共情与攻击行为

还有大量研究考察了共情与攻击行为的关系,研究发现,共情与攻击行为负相关[1];共情得分较低的儿童表现出更多的攻击性[2]。关于共情与犯罪的研究发现,低认知共情与犯罪显著相关,而低情感共情与犯罪相关则较弱[3]。

---

[1] 张凯、杨立强:《国内外关于移情的研究综述》,《社会心理科学》2007年第Z3期。

[2] Strayer J. & Roberts W., "Empathy and Observed Anger and Aggression in Five-year-olds", *Social Development*, Vol. 13, 2004, pp. 1–13.

[3] Jolliffe D. & Farrington D. P., "Empathy and Offending: A Systematic Review and Meta-analysis", *Aggression & Violent Behavior*, Vol. 9, 2004, pp. 441–476.

第 十 章

总结与展望

随着研究者们将越来越多的兴趣和关注聚焦于道德情绪，使得道德情绪的研究取得了很大进展。各种道德情绪的类型与亲社会行为、利他行为的关系研究，也为更好地促进人们的道德行为提供了理论与实证的依据。另外，有关道德情绪的研究同时也进一步丰富和完善了情绪研究体系。未来还应更加深入对该领域的研究，并着重关注以下几点：

一　注重道德情绪研究中的文化差异

现有道德情绪的研究主要基于西方文化背景，而西方的道德情绪研究根植于西方的价值体系，这与中国文化背景有着很大的差异。一则，西方强调"原罪"，把不道德行为看成一种罪，而中国人认为不道德行为是羞耻的，是丢面子；再则，西方注重自我价值与独立，而中国是一种集体文化，强调个体与社会的和谐。这种中西文化差异导致道德情绪的体验迥异。此外，对羞耻情绪的理解也备受争议。西方人认为羞耻具有破坏性，当个体体验到这种道德情绪时，会回避与退缩，并外化为对外界的愤怒、厌恶等。但东方的羞耻取向文化却将"知耻"视为衡量人们道德水平的一个方面。因此，我国的道德情绪应开展本土化研究，以切合我国社会现状和实践需要。

二　加强群体研究与正性道德情绪的研究

道德情绪是人类进化过程中保留下来的一种重要社会情绪，它一方面影响着个体的行为，另一方面也影响着社会群体的行为。因此，群体的道德情绪发展轨迹及其影响因素是一个有待深入挖掘的研究领域。与此同时，积极和消极评价通路的部分分离，提示不同性质的情绪或情感具有不同的激活功能，由此引起了人们对积极与消极情绪不同作用的兴趣。目前道德情绪的研究较多关注负性道德情绪，而对正性道德情绪的研究仍然偏少。从本质上说，正性道德情绪是以赞美、责任等为基础，更有助于鼓励个体自身或他人做好事或做好人；负性道德情绪是由个体内心的欲望驱使，它更易导致个体或他人出现一些"做坏事"。从价值意义的角度来看，人类或许应该把着重点放在研究正性道德情绪方面。

三　加强道德情绪与行为关系脑机制的探讨

当前，不同的研究结果仍然存在着很多争议和矛盾。同时，大多研究仍采用阅读语句或观看图片的方式对道德情绪进行诱发，但这种方式是否能够真正诱发个体自身的道德情绪也是存在质疑的。此外，虽然不同的道德情绪在激活的脑区上具有一定相似性，但也有着不同，继续探讨道德情绪在生理机制上的联系和差异将有助于我们更加深入地了解与这些情绪有关的生理过程以及这些过程对个体社会功能的影响。

参考文献

中文参考文献

［1］岑国桢、王丽、李胜男：《6—12 岁儿童道德移情、助人行为倾向及其关系的研究》，《心理科学》2004 年第 27 期。

［2］陈忱：《两维度的自豪情绪对亲社会行为的影响》，浙江师范大学博士学位论文，2016 年。

［3］陈世民、吴宝沛、方杰等：《钦佩感：一种见贤思齐的积极情绪》，《心理科学进展》2011 年第 19 期。

［4］陈思思：《厌恶情绪对大学生道德行为的影响及其心理机制研究》，天津师范大学博士学位论文，2017 年。

［5］陈欣：《人际信任、社会价值取向、感戴与合作的关系探讨》，《心理研究》2016 年第 9 期。

［6］丁芳、周鋆、胡雨：《初中生内疚情绪体验的发展及其对公平行为的影响》，《心理科学》2014 年第 5 期。

［7］董华华：《道德提升感对环保意识的影响研究》，浙江工业大学硕士学位论文，2016 年。

［8］杜建政、夏冰丽：《自豪的结构，测量，表达与识别》，《心理科学进展》2009 年第 17 期。

［9］杜蕾：《愤怒的动机方向》，《心理科学进展》2012 年第 20 期。

［10］杜灵燕：《内疚与羞耻对道德判断，道德行为影响的差异研究》，中国地质大学硕士学位论文，2012 年。

［11］樊召锋、俞国良：《自尊、归因方式与内疚和羞耻的关系研究》，《心理学探新》2008 年第 28 期。

［12］冯晓杭、张向葵：《自我意识情绪：人类高级情绪》，《心理科学进

展》2007 年第 15 期。

［13］高隽、钱铭怡、王文余：《羞耻和一般负性情绪的认知调节策略》，《中国临床心理学杂志》2011 年第 19 期。

［14］高隽、钱铭怡：《羞耻情绪的两面性：功能与病理作用》，《中国心理卫生杂志》2009 年第 23 期。

［15］高学德、周爱保：《内疚和羞耻的关系——来自反事实思维的验证》，《心理科学》2009 年第 32 期。

［16］高迎浩：《大学生愤怒情绪及其与人格特征的相关研究》，河南大学博士学位论文，2005 年。

［17］郭小艳、王振宏：《积极情绪的概念，功能与意义》，《心理科学进展》2007 年第 15 期。

［18］何华容、丁道群：《内疚：一种有益的负性情绪》，《心理研究》2016 年第 1 期。

［19］侯璐璐、江琦、王焕贞、李长燃：《特质愤怒对攻击行为的影响：基于综合认知模型的视角》，《心理学报》2017 年第 49 期。

［20］侯璐璐、江琦、王焕贞、李长燃：《真实自豪对人际信任的影响：观点采择和社会支持的多重中介作用》，《教育生物学杂志》2017 年第 5 期。

［21］侯小花：《中学生感恩的个体差异及其与亲社会行为的关系研究》，湖南师范大学博士学位论文，2009 年。

［22］竭婧、杨丽珠：《10—12 岁儿童羞愧感理解的特点》，《辽宁师范大学学报》（社会科学版）2006 年第 29 期。

［23］竭婧、杨丽珠：《三种羞耻感发展理论述评》，《辽宁师范大学学报》（社会科学版）2009 年第 32 期。

［24］竭婧：《幼儿羞耻感发展特点及其相关影响因素研究》，辽宁师范大学博士学位论文，2008 年。

［25］金童林、陆桂芝、张璐等：《特质愤怒对大学生网络攻击行为的影响：道德推脱的作用》，《心理发展与教育》2017 年第 33 期。

［26］康慧：《大学生愤怒情绪、道德判断与攻击行为的关系研究》，河北大学博士学位论文，2016 年。

［27］柯美玲：《大学生愤怒水平对关系性攻击行为的影响——以愤怒控

制为调节变量》，湖北师范大学博士学位论文，2017年。

[28] 寇彧、洪慧芳、谭晨、李磊：《青少年亲社会倾向量表的修订》，《心理发展与教育》2007年第23期。

[29] 冷冰冰、王香玲、高贺明等：《内疚的认知和情绪活动及其脑区调控》，《心理科学进展》2015年第23期。

[30] 李董平、张卫、李丹黎等：《教养方式、气质对青少年攻击的影响：独特、差别与中介效应检验》，《心理学报》2012年第44期。

[31] 李谷、周晖、丁如一：《道德自我调节对亲社会行为和违规行为的影响》，《心理学报》2013年第45期。

[32] 廖珂：《道德提升感对道德判断和道德奖惩行为的影响——从道德基础理论视角出发研究》，浙江大学硕士学位论文，2015年。

[33] 林崇德、杨治良、黄希庭：《心理学大辞典》，上海教育出版社2003年版。

[34] 林志扬、肖前、周志强：《道德倾向与慈善捐赠行为关系实证研究——基于道德认同的调节作用》，《外国经济与管理》2014年第6期。

[35] 刘聪慧、王永梅、俞国良、王拥军：《共情的相关理论评述及动态模型探新》，《心理科学进展》2009年第17期。

[36] 刘慧芳：《自我意识情绪测验——青少年版》（TOSCA-A）的初步修订，天津师范大学硕士学位论文，2016年。

[37] 刘建岭：《感戴：心理学研究的一个新领域》，河南大学硕士学位论文，2005年。

[38] 刘俊升、周颖：《移情的心理机制及其影响因素概述》，《心理科学》2008年第31期。

[39] 刘文文、江琦、任晶晶等：《特质愤怒对攻击行为的影响：敌意认知和冲动性水平有调节的中介作用》，《心理发展与教育》2015年第33期。

[40] 孟昭兰：《情绪心理学》，北京大学出版社2005年版。

[41] 彭明、张雷：《厌恶情绪影响道德判断的发展研究》，《心理科学》2016年第5期。

[42] 钱铭怡、刘兴华、朱荣春：《大学生羞耻感的现象学研究》，《中国

心理卫生杂志》2001 年第 15 期。

［43］钱铭怡、戚健俐：《大学生羞耻和内疚差异的对比研究》，《心理学报》2002 年第 34 期。

［44］钱铭怡：《大学生羞耻量表的修订》，《中国心理卫生杂志》2000 年第 14 期。

［45］孙丽君、杜红芹、牛更枫等：《心理虐待与忽视对青少年攻击行为的影响：道德推脱的中介与调节作用》，《心理发展与教育》2017 年第 33 期。

［46］汪凤炎：《论羞耻心的心理机制、特点与功能》，《江西教育科研》2006 年第 10 期。

［47］王楠：《移情训练对 5—6 岁幼儿亲社会行为的影响研究》，陕西师范大学博士学位论文，2012 年。

［48］夏天生、刘君、顾红磊等：《父母冲突对青少年攻击行为的影响：一个有调节的中介模型》，《心理发展与教育》2016 年第 32 期。

［49］谢波、钱铭怡：《中国大学生羞耻和内疚之现象学差异》，《心理学报》2000 年第 32 期。

［50］谢波：《中国大学生的羞耻和内疚的差异》，北京大学博士学位论文，1998 年。

［51］熊红星、张璟、叶宝娟等：《共同方法变异的影响及其统计控制途径的模型分析》，《心理科学进展》2012 年第 20 期。

［52］熊梦辉、石孝琼、骆玮等：《负面新闻影响人际信任的心理机制》，《心理技术与应用》2016 年第 4 期。

［53］徐琴美、翟春艳：《羞愧研究综述》，《心理科学》2004 年第 27 期。

［54］徐琴美、张晓贤：《5—9 岁儿童内疚情绪理解的特点》，《心理发展与教育》2003 年第 3 期。

［55］徐伟虹：《大学生移情、感戴与利他行为的相关研究》，上海师范大学博士学位论文，2017 年。

［56］杨丽珠、姜月、陶沙：《早期儿童自我意识情绪发生发展研究》，北京师范大学出版社 2014 年版。

［57］杨丽珠、杜文轩、沈悦：《特质愤怒与反应性攻击的综合认知模型述评》，《心理科学进展》2011 年第 19 期。

[58] 杨丽珠、姜月、陶沙：《早期儿童自我意识情绪发生发展研究》，北京师范大学出版社2014年版。

[59] 杨玲、樊召锋：《中学生内疚与羞耻差异的对比研究》，《中国心理卫生杂志》2008年第22期。

[60] 杨昭宁、顾子贝、王杜娟等：《愤怒和悲伤情绪对助人决策的影响：人际责任归因的作用》，《心理学报》2017年第49期。

[61] 应贤慧、戴春林：《中学生移情与攻击行为：攻击情绪与认知的中介作用》，《心理发展与教育》2008年第24期。

[62] 俞国良、赵军燕：《自我意识情绪：聚焦于自我的道德情绪研究》，《心理发展与教育》2009年第2期。

[63] 岳童、黄希庭：《共情的神经网络》，《西南大学学报》（社会科学版）2014年第40期。

[64] 岳童、黄希庭：《认知神经研究中的积极共情》，《心理科学进展》2016年第24期。

[65] 张琛琛：《小学儿童羞耻情绪理解能力的发展及羞耻情绪对其合作行为的影响》，苏州大学博士学位论文，2010年。

[66] 张凯、杨立强：《国内外关于移情的研究综述》，《社会心理科学》2007年第Z3期。

[67] 张琨、方平、姜媛等：《道德视野下的内疚》，《心理科学进展》2014年第22期。

[68] 张敏、张萍、卢家楣：《感戴情绪的发生条件：认知评价的作用》，《心理与行为研究》2015年第13期。

[69] 张勤：《移情训练对3—5岁幼儿分享行为的干预研究》，天津师范大学博士学位论文，2016年。

[70] 张群华：《小学儿童感戴与助人行为的关系及干预研究》，苏州大学博士学位论文，2012年。

[71] 赵东伟：《愤怒，厌恶情绪对道德判断影响的差异研究》，中国地质大学硕士学位论文，2012年。

[72] 赵国祥、陈欣：《初中生感戴维度研究》，《心理科学》2006年第29期。

[73] 郑信军、何佳娉：《诱发道德情绪对大学生人际信任的影响》，《中

国临床心理学杂志》2011 年第 19 期。

[74] 周欣:《感戴对助人行为的影响》,浙江师范大学博士学位论文,2012 年。

外文参考文献

[1] Aaker J. L. & Akutsu S., "Why Do People Give? The Role of Identity in Giving", *Journal of Consumer Psychology*, Vol. 19, 2009.

[2] Alessandri S. M. & Lewis M., "Differences in Pride and Shame in Maltreated and Nonmaltreated Preschoolers", *Child Development*, Vol. 67, 1996.

[3] Alessandri S. M. Alessandri S. M. & Lewis M., "Parental Evaluation and Its Relation to Shame and Pride in Young Children", *Sex Roles*, Vol. 29, 1993.

[4] Algoe S. B. & Haidt J., "Witnessing Excellence in Action: The 'Other-praising' Emotions of Elevation, Gratitude, and Admiration", *The Journal of Positive Psychology*, Vol. 4, 2009.

[5] Algoe S. B., Haidt J. & Gable S. L., "Beyond Reciprocity: Gratitude and Relationships in Everyday Life", *Emotion*, Vol. 8, 2008.

[6] Anderson C. A. & Bushman B. J., "Human Aggression", *Annual Review of Psychology*, Vol. 53, 2002.

[7] Aquino K., Freeman D., Reed I. I., et al., "Testing a Social-cognitive Model of Moral Behavior: The Interactive Influence of Situations and Moral Identity Centrality", *Journal of Personality and Social Psychology*, Vol. 97, 2009.

[8] Aquino K., McFerran B. & Laven M., "Moral Identity and the Experience of Moral Elevation in Response to Acts of Uncommon Goodness", *Journal of Personality and Social Psychology*, Vol. 100, 2011.

[9] Ash E. M., *Emotional Responses to Savior Films: Concealing Privilege or Appealing to Our Better Selves?* The Pennsylvania State University doctoral dissertation, 2013.

[10] Aslund C, Leppert J., Starrin B. & Nilsson K. W., "Subjective Social

Status and Shaming Experiences in Relation to Adolescent Depression", *Archives of Pediatrics & Adolescent Medicine*, Vol. 163, 2009.

[11] Averill J. R., "Studies on Anger and Aggression: Implications for Theories of Emotion", *American Psychologist*, Vol. 38, 1983.

[12] Babcock M. K., "Embarrassment: A Window on the Self", *Journal for the Theory of Social Behaviour*, Vol. 18, 1988.

[13] Balconi M. & Mazza G., "Lateralisation Effect in Comprehension of Emotional Facial Expression: A Comparison Between EEG Alpha Band Power and Behavioural Inhibition (BIS) and Activation (BAS) Systems", *Laterality: Asymmetries of Body, Brain and Cognition*, Vol. 15, 2010.

[14] Barrett-Lennard G. T., "The Empathy Cycle: Refinement of a Nuclear Concept", *Journal of Counseling Psychology*, Vol. 28, 1981.

[15] Bartlett M. Y. & Desteno D., "Gratitude and Prosocial Behavior", *Psychological Science*, Vol. 17, 2016.

[16] Basile B., Mancini F., Macaluso E., et al., "Deontological and Altruistic Guilt: Evidence for Distinct Neurobiological Substrates", *Human Brain Mapping*, Vol. 32, 2011.

[17] Basile B., Mancini F., Macaluso E., et al., "Abnormal Processing of Deontological Guilt in Obsessive-compulsive Disorder", *Brain Structure and Function*, Vol. 219, 2014.

[18] Bastin C., Harrison B. J., Davey C., et al., "Feelings of Shame, Embarrassment and Guilt and Their Neural Correlates: A Systematic Review", *Neuroscience & Biobehavioral Reviews*, Vol. 71, 2016.

[19] Batson C. D., "Prosocial Motivation: Is It Ever Truly Altruistic?", *Advances in Experimental Social Psychology*, Vol. 20, 1987.

[20] Bear G. G., Uribe-Zarain X., Manning M. A. & Shiomi K., "Shame, Guilt, Blaming, and Anger: Differences Between Children in Japan and the US", *Motivation & Emotion*, Vol. 33, 2009.

[21] Becker B. E. & Luthar S. S., "Peer-Perceived Admiration and Social Preference: Contextual Correlates of Positive Peer regard Among Subur-

ban and Urban Adolescents", *Journal of Research on Adolescence*, Vol. 17, 2007.

[22] Belsky J., Domitrovich C. & Crnic K., "Temperament and Parenting Antecedents of Individual Differences in Three-Year-Old Boys' Pride and Shame Reactions", *Child Development*, Vol. 68, 1997.

[23] Benedict R., *The Chrysanthemum and the Sword: Patterns of Japanese Culture*, Boston: Houghton Mifflin, 1946.

[24] Bengtsson H. & Johnson L., "Perspective Taking, Empathy, and Prosocial Behavior in Late Childhood", *Child Study Journal*, Vol. 22, 1992.

[25] Berthoz S., Armony J. L., Blair R. J. R. & Dolan R. J., "An fMRI Study of Intentional and Unintentional (embarrassing) Violations of Social Norms", *Brain*, Vol. 125, 2002.

[26] Bettencourt B. A., Talley A., Benjamin A. J. & Valentine J., "Personality and Aggressive Behavior Under Provoking and Neutral Conditions: A Meta-analytic Review", *Psychological Bulletin*, Vol. 132, 2006.

[27] Bissing-Olson M. J., Fielding K. S. & Iyer A., "Experiences of Pride, not Guilt, Predict Pro-environmental Behavior When Pro-environmental Descriptive Norms are More Positive", *Journal of Environmental Psychology*, Vol. 45, 2016.

[28] Boman P., "Gender Differences in School Anger", *International Education Journal*, Vol. 4, 2003, pp. 71 - 77.

[29] Bosacki S. L. & Moore C., "Preschoolers' Understanding of Simple and Complex Emotions: Links with Gender and Language", *Sex Roles*, Vol. 50, 2004.

[30] Branscombe N. R., Slugoksi B. & Kappen D. M., "The measurement of Collective Guilt", *Collective Guilt: International Perspectives*, 2004.

[31] Broucek F. J., "Shame and Its Relationship to Early Narcissistic Developments", *International Journal of Psychoanalysis*, Vol. 63, 1982.

[32] Buss A. H. & Perry M., "The Aggression Questionnaire", *Journal of Personality and Social Psychologylogy*, Vol. 63, 1992.

[33] Buss A. H., Iscoe I. & Buss E. H., "The Development of Embarrassment", *The Journal of Psychology: Interdisciplinary and Applied*, Vol. 103, 1979.

[34] Buunk A. P., Peiró J. M. & Griffioen C., "A Positive Role Model May Stimulate Career-oriented Behavior", *Journal of Applied Social Psychology*, Vol. 37, 2007.

[35] Campos J. J., Barrett K. C., Lamb M. E., Goldsmith H. H. & Stenberg C., "Socioemotional development", *Handbook of Child Psychology*, Vol. 2, 1983.

[36] Carlo G. & Randall B. A., "The Development of a Measure of Prosocial Behaviors for Late Adolescents", *Journal of Youth and Adolescence*, Vol. 31, 2002.

[37] Carney D. R., Cuddy A. J. & Yap A. J., "Power Posing: Brief Nonverbal Displays Affect Neuroendocrine Levels and Risk Tolerance", *Psychological Science*, Vol. 21, 2010.

[38] Carver C. S. & Harmon-Jones E., "Anger Is an Approach-related Affect: Evidence and Implications", *Psychological Bulletin*, Vol. 135, 2009.

[39] Cohen T. R., Panter A. T. & Turan N., "Guilt Proneness and Moral Character", *Current Directions in Psychological Science*, Vol. 21, 2012.

[40] Cohen T. R., Panter A. T. & Turan, N., "Predicting Counterproductive Work Behavior from Guilt Proneness", *Journal of Business Ethics*, Vol. 114, 2013.

[41] Colonnesi C., Engelhard I. M. & Bögels S. M., "Development in Children's Attribution of Embarrassment and the Relationship with Theory of Mind and Shyness", *Cognition and Emotion*, Vol. 24, 2010.

[42] Cox D. L., Stabb S. D. & Hulgus J. F., "Anger and Depression in Girls and Boys: A Study of Gender Differences", *Psychology of Women Quarterly*, Vol. 24, 2000.

[43] Cuddy A. J., Fiske S. T. & Glick P., "The Bias map: Behaviors from Intergroup Affect and Stereotypes", *Journal of Personality & Social Psychology*, Vol. 92, 2007.

[44] Davis M. H., "Measuring Individual Differences in Empathy: Evidence

for a Multidimensional Approach", *Journal of Personality and Social Psychology*, Vol. 44, 1983.

[45] De Hooge I. E., Breugelmans S. M. & Zeelenberg M., "Not So Ugly After All: When Shame Acts as a Commitment Device", *Journal of Personality and Social Psychology*, Vol. 95, 2008.

[46] De Hooge I. E., Nelissen R., Breugelmans S. M. & Zeelenberg M., "What Is Moral About Guilt? Acting 'Prosocially' at the Disadvantage of Others", *Journal of Personality and Social Psychology*, Vol. 100, 2011.

[47] De Hooge I. E., Zeelenberg M. & Breugelmans S. M., "Moral Sentiments and Cooperation: Differential Influences of Shame and Guilt", *Cognition and Emotion*, Vol. 21, 2007.

[48] De Jong J. M., *In the Mind of the Beholder: An ERP Analysis of the Relation Between Hostile Attribution and Trait Anger*, Erasmus University Master's Thesis, 2014.

[49] Dearing R. L., Stuewig J. & Tangney J. P., "On the Importance of Distinguishing Shame from Guilt: Relations to Problematic Alcohol and Drug Use", *Addictive Behaviors*, Vol. 30, 2005.

[50] Dearing R. L., Stuewig J. & Tangney J. P., "On the Importance of Distinguishing Shame from Guilt: Relations to Problematic Alcohol and Drug Use", *Addictive Behaviors*, Vol. 30, 2005.

[51] Demaree H. A., Schmeichel B. J., Robinson J. L., et al., "Up-and Down-regulating Facial Disgust: Affective, Vagal, Sympathetic, and Respiratory Consequences", *Biological Psychology*, Vol. 71, 2006.

[52] Dewall C. N., Anderson C. A. & Bushman B. J., "The General Aggression Model: Theoretical Extensions to Violence", *Psychology of Violence*, Vol. 1, 2011.

[53] Dickert S., Sagara N. & Slovic P., "Affective Motivations to Help Others: A Two-stage Model of Donation Decisions", *Journal of Behavioral Decision Making*, Vol. 24, 2011.

[54] Diessner R., Rust T., Solom R. C., et al., "Beauty and Hope: A

Moral Beauty Intervention", *Journal of Moral Education*, Vol. 35, 2006.

[55] Dodge K. A. & Crick N. R., "Social Information-processing Bases of Aggressive Behavior in Children", *Personality and Social Psychology Bulletin*, Vol. 16, 1990.

[56] Dodge K. A., Malone P. S., Lansford J. E., et al., "Hostile Attributional Bias and Aggressive Behavior in Global Context", *Proceeding of National Academic Sciences*, Vol. 112, 2015.

[57] Doorn J. V., Zeelenberg M., Breugelmans S. M., et al., "Prosocial Consequences of Third-party Anger", *Theory & Decision*, 2018.

[58] Duhachek A., Agrawal N. & Han D. H., "Guilt Versus Shame: Coping, Fluency, and Framing in the Effectiveness of Responsible Drinking Messages", *Journal of Marketing Research*, Vol. 49, 2012.

[59] Dunning D. A., Krueger J. I. & Alicke M. D., "The Self in Social Perceptions: Looking Back, Looking Ahead", In M. D. Alicke, D. A. Dunning & J. I. Krueger (Eds.), *The Self in Social Judgment*. New York: Psychology Press, 2005.

[60] Edelmann R. J., *The Psychology of Embarrassment*, John Wiley & Sons, 1987.

[61] Eisenberg N., Eggum N. D. & Di Giunta L., "Empathy-related Responding: Associations with Prosocial Behavior, Aggression, and Intergroup Relations", *Social Issues and Ppolicy Review*, Vol. 4, 2010.

[62] Eisenberg N., Wentzel N. M. & Harris J. D., "The Role of Emotionality and Regulation in Empathy-related Responding", *School Psychology Review*, Vol. 27, 1998.

[63] Ekman P. & Friesen W. V., "Constants Across Cultures in the Face and Emotion", *Journal of Personality and Social Psychology*, Vol. 17, 1971.

[64] Ellithorpe M. E., Ewoldsen D. R. & Oliver M. B., "Elevation (sometimes) Increases Altruism: Choice and Number of Outcomes in Elevating Media Effects", *Psychology of Popular Media Culture*, Vol. 4, 2015.

[65] Emmons R. A. & McCullough M. E. , "Counting Blessings Versus Burdens: An Experimental Investigation of Gratitude and Subjective Well-being in Daily Life", *Journal of Personality and Social Psychology*, Vol. 84, 2003.

[66] Englander Z. A. , Haidt J. & Morris J. P. , "Neural Basis of Moral Elevation Demonstrated Through Inter-subject Synchronization of Cortical Activity During Free-viewing", *PloS one*, Vol. 7, 2012.

[67] Erickson T. M. & Abelson J. L. , "Even the Downhearted May Be Uplifted: Moral Elevation in the Daily Life of Clinically Depressed and Anxious Adults", *Journal of Social and Clinical Psychology*, Vol. 31, 2012.

[68] Fabes R. A. & Eisenberg N. , "Young Children's Coping with Interpersonal Anger", *Child Development*, Vol. 63, 1992.

[69] Ferguson T. J. & Stegge H. , "Measuring Guilt in Children: A Rose by Any Other Name still Has Thorns", In J. Bybee (Ed.), *Guilt and children*, 1998.

[70] Ferguson T. J. , Stegge H. & Damhuis I. , "Children's Understanding of Guild and Shame", *Child Development*, Vol. 62, 1991.

[71] Feshbach N. D. & Kuchenbecker S. Y. , "A Three Component Model of Empathy", *Cognitive Processes*, 1974.

[72] Fessler D. M. T. , "From Appeasement to Conformity: Evolutionary and Cultural Perspectives on Shame, Competition, and Cooperation", *In the Self-Conscious Emotions: Theory and Research*, Tracy, J. L. , Robins R. W. & Tangney J. P. , Eds. , New York: The Guilford Press, 2007.

[73] Finger E. C. , Marsh A. A. , Kamel N. , et al. , "Caught in the Act: the Impact of Audience on the Neural Response to Morally and Socially Inappropriate Behavior", *Neuroimage*, Vol. 33, 2006.

[74] Fischer A. H. & Roseman I. J. , "Beat Them or Ban Them: the Characteristics and Social Functions of Anger and Contempt", *Journal of Personality & Social Psychology*, Vol. 93, 2017.

[75] Forgas J. P. , "Mood and Judgment: The Affect Infusion Model (aim)",

Psychological Bulletin, Vol. 117, 1995.

[76] Fourie M. M., Rauch H. G., Morgan B. E., et al., "Guilt and Pride are Heartfelt, But not Equally So", *Psychophysiology*, Vol. 48, 2011.

[77] Fredrickson B. L., "Gratitude, Like Other Positive Emotions, Broadens and Builds", *The Psychology of Gratitude*, Vol. 145, 2004.

[78] Fredrickson B. L., "The Role of Positive Emotions in Positive Psychology: The Troaden-and-build Theory of Positive Emotions", *American Psychologist*, Vol. 56, 2001.

[79] Frith C. D., "The Social Brain?", *Philosophical Transactions of the Royal Society of London B: Biological Sciences*, Vol. 362, 2007.

[80] Fung H., "Becoming a Moral Child: The Socialization of Shame Among Young Chinese Children", *Ethos*, Vol. 27, 1999.

[81] Furukawa E., Tangney J. & Higashibara F., "Cross-cultural Continuities and Discontinuities in Shame, Guilt, and Pride: a Study of Children Residing in Japan, Korea and the USA", *Self & Identity*, Vol. 11, 2012.

[82] Gausel N. & Leach C. W., "Concern for Self-image and Social Image in the Management of Moral Failure: Rethinking Shame", *European Journal of Social Psychology*, Vol. 41, 2011.

[83] Gausel N., Vignoles V. L. & Leach C. W., "Resolving the Paradox of Shame: Differentiating Among Specific Appraisal-feeling Combinations Explains Pro-social and Self-defensive Motivation", *Motivation & Emotion*, Vol. 40, 2015.

[84] Gibson D. E., "Developing the Professional Self-concept: Role Model Construals in Early, Middle, and Late Career Stages", *Organization Science*, Vol. 14, 2003.

[85] Gilbert P., "Evolution, Social Roles, and the Differences in Shame and Guilt", *Social Research*, Vol. 70, 2003.

[86] Gini G., Pozzoli T., Lenzi M. & Vieno A., "Bullying Victimization at School and Headache: A Meta-analysis of Observational Studies", *Headache*, Vol. 54, 2014.

[87] Gladstein G. A., "Understanding Empathy: Integrating Counseling, Developmental, and Social Psychology Perspectives", *Journal of Counseling Psychology*, Vol. 30, 1983.

[88] Goffman E., "Embarrassment and Social Organization", *American Journal of Sociology*, Vol. 62, 1956.

[89] Gould S. J., "Gender Differences in Advertising Response and Self-consciousness Variables", *Sex Roles*, Vol. 16, 1987.

[90] Grant A. M. & Gino F., "A Little Thanks Goes a Long Way: Explaining Why Gratitude Expressions Motivate Prosocial Behavior", *Journal of Personality and Social Psychology*, Vol. 98, 2010.

[91] Grappi S., Romani S. & Bagozzi R. P., "The Effects of Company Offshoring Strategies on Consumer Responses", *Journal of the Academy of Marketing Science*, Vol. 41, 2013.

[92] Graton A. & Ric F., "How Guilt Leads to Reparation? Exploring the Processes Underlying the Effects of Guilt", *Motivation and Emotion*, Vol. 41, 2017.

[93] Gu X., Hof P. R., Friston K. J. & Fan J., "Anterior Insular Cortex and Emotional Awareness", *Journal of Comparative Neurology*, Vol. 521, 2013.

[94] Haidt J. & Graham J., "When Morality Opposes Justice: Conservatives Have Moral Intuitions That Liberals May not Recognize", *Social Justice Research*, Vol. 20, 2007.

[95] Haidt J. & Morris J. P., "Finding the Self in Self-transcendent Emotions", *Proceedings of the National Academy of Sciences*, Vol. 106, 2009.

[96] Haidt J., "The Moral Emotions", R. J. Davidson, K. R. Scherer & H. H. Goldsmith (Eds.), *Handbook of Affective Sciences* (pp. 852–870), Oxford: Oxford University Press, 2003.

[97] Han H., Kim J., Jeong C. & Cohen G. L., "Attainable and Relevant Moral Exemplars Are More Effective than Extraordinary Exemplars in Promoting Voluntary Service Engagement", *Frontiers in Psychology*,

Vol. 8, 2017.

[98] Hardy S. A., "Identity, Reasoning, and Emotion: An Empirical Comparison of Three Sources of Moral Motivation", *Motivation and Emotion*, Vol. 30, 2006.

[99] Harned D. B., *Patience: How We Wait Upon the World*, Cambridge, MA: Cowley, 1997.

[100] Harris P. L., Olthof T., Terwogt M. M. & Hardman C. E., "Children's Knowledge of the Situations that Provoke Emotion", *International Journal of Behavioral Development*, Vol. 10, 1987.

[101] Hashimoto E. & Shimizu T., "A Cross-cultural Study of the Emotion of Shame/Embarassment: Iranian and Japanese Children", *Psychologia: An International Journal of Psychology in the Orient*, Vol. 31, 1988.

[102] Heider F., *The Psychology of Interpersonal Relations*, New York: Wiley, 1958.

[103] Hennig-Fast K., Michl P., Müller J., et al., "Obsessive-compulsive Disorder-A Question of Conscience? An fMRI Study of Behavioural and Neurofunctional Correlates of Shame and Guilt", *Journal of Psychiatric Research*, Vol. 68, 2015.

[104] Herrald M. M. & Tomaka J., "Patterns of Emotion-specific Appraisal, Coping, and Cardiovascular Reactivity During an Ongoing Emotional Episode", *Journal of Personality and Social Psychology*, Vol. 83, 2002.

[105] Higgins E. T., "Self-discrepancy: A Theory Relating Self and Affect", *Psychological Review*, Vol. 94, 1987.

[106] Higgins E. T., Friedman R. S., Harlow R. E., et al., "Achievement Orientations from Subjective Histories of Success: Promotion Pride Versus Prevention Pride", *European Journal of Social Psychology*, Vol. 31, 2001.

[107] Higuchi M. & Fukada H., "A Comparison of Four Causal Factors of Embarrassment in Public and Private Situations", *The Journal of Psychology*, Vol. 136, 2002.

[108] Higuchi M. , "A Study on the Structure of Shame", *Japanese Journal of Social Psychology*, Vol. 16, 2000.

[109] Higuchi M. , "The Mediating Mechanism of Embarrassment in Public and Private Situations: An Approach from the Groups of Emotions of Embarrassment and Their Causal Factors", *The Japanese Journal of Research on Emotions*, Vol. 7, 2001.

[110] Hoffman M. L. , "Development of Prosocial Motivation: Empathy and Guilt", In *The Development of Prosocial Behavior*.

[111] Hoffman M. L. , *Empathy and Moral Development: Implications for Caring and Justice*, Cambridge, UK: Cambridge University Press, 2000.

[112] Hong Y. Y. & Chiu C. Y. , "A Study of the Comparative Structure of Guilt and Shame in a Chinese Society", *The Journal of Psychology*, Vol. 126, 1992.

[113] Horberg E. J. , Oveis C. & Keltner D. , "Emotions as Moral Amplifiers: An Appraisal Tendency Approach to the Influences of Distinct Emotions Upon Moral Judgment", *Emotion Review*, Vol. 3, 2011.

[114] Howell A. J. , Turowski J. B. & Buro K. , "Guilt, Empathy, and Apology", *Personality and Individual Differences*, Vol. 53, 2012.

[115] Ilies R. , Peng A. C. , Savani K. & Dimotakis N. , "Guilty and Helpful: An Emotion-based Reparatory Model of Voluntary Work Behavior", *Journal of Applied Psychology*, Vol. 98, 2013.

[116] Immordino-Yang M. H. , McColl A. , Damasio H. & Damasio A. , "Neural Correlates of Admiration and Compassion", *Proceedings of the National Academy of Sciences*, Vol. 106, 2009.

[117] Inbar Y. , Pizarro D. A. & Bloom P. , "Disgusting Smells Cause Decreased Liking of Gay Men", *Emotion*, Vol. 12, 2012.

[118] Inbar Y. , Pizarro D. A. , Gilovich T. & Ariely D. , "Moral Masochism: on the Connection between Guilt and Self-punishment", *Emotion*, Vol. 13, 2013.

[119] Inbar Y. , Pizarro D. A. , Knobe J. & Bloom P. , "Disgust Sensitivity Predicts Intuitive Disapproval of Gays", *Emotion*, Vol. 9, 2009.

［120］ Izard C. E. , Ackerman B. P. & Schultz D. , "Independent emotions and consciousness: Self-consciousness and dependent emotions", In J. A. Singer & P. Singer (Eds.), *At Play in the Fields of Consciousness: Essays in Honor of Jerome L. SingerMahwah*, NJ: Erlbaum, 1999.

［121］ Izard C. E. , The Face of Emotion, East Norwalk: Appleton-Century-Crofts, 1971.

［122］ JoAnn Tsang, "Brief Report Gratitude and Prosocial Behaviour: An Experimental Test of Gratitude", *Cognition & Emotion*, Vol. 20, 2006.

［123］ Jolliffe D. & Farrington D. P. , "Empathy and Offending: A Systematic Review and Meta-analysis", *Aggression & Violent Behavior*, Vol. 9, 2004.

［124］ Jones A. & Fitness J. , "Moral Hypervigilance: The Influence of Disgust Sensitivity in the Moral Domain", *Emotion*, Vol. 8, 2008.

［125］ Kabasakal Z. & Baş A. U. , "A Research on Some Variables Regarding the Frequency of Violent and Aggressive Behaviors Among Elementary School Students and Their Families", *Procedia-Social and Behavioral Sciences*, Vol. 2, 2010.

［126］ Kalat J. W. & Shiota M. N. , *Emotion* (RL Zhou, Trans.), 2009.

［127］ Kassinove H. & Sukhodolsky D. G. , "Anger Disorders: Basic Science and Practice Issues", *Issues in Comprehensive Pediatric Nursing*, Vol. 18, 1995.

［128］ Kédia G. , Berthoz S. , Wessa M. , et al. , "An Agent Harms a Victim: a Functional Magnetic Resonance Imaging Study on Specific Moral Emotions", *Journal of Cognitive Neuroscience*, Vol. 20, 2008.

［129］ Keltner D. & Buswell B. N. , "Embarrassment: Its Distinct Form and Appeasement Functions", *Psychological bulletin*, Vol. 122, 1997.

［130］ Keltner D. , "Signs of Appeasement: Evidence for the Distinct Displays of Embarrassment, Amusement, and Shame", *Journal of Personality and Social Psychology*, Vol. 68, 1995.

［131］ Ketelaar T. & Tung Au W. , "The Effects of Feelings of Guilt on the Behaviour of Uncooperative Individuals in Repeated Social Bargaining

Games: An Affect-as-information Interpretation of the Role of Emotion in Social Interaction", *Cognition and Emotion*, Vol. 17, 2003.

[132] Kinston W., "A Theoretical Context for Shame", *The International Journal of Psycho-analysis*, Vol. 64, 1983.

[133] Kornilaki E. N. & Chlouverakis G., "The Situational Antecedents of Pride and Happiness: Developmental and Domain Differences", *British Journal of Developmental Psychology*, Vol. 22, 2004.

[134] Kouchaki M. & Smith I. H., "The Morning Morality Effect: The Influence of Time of Day on Unethical Behavior", *Psychological Science*, Vol. 25, 2014.

[135] Kouchaki M., Gino F. & Jami A., "The Burden of Guilt: Heavy Backpacks, Light Snacks, and Enhanced Morality", *Journal of Experimental Psychology General*, Vol. 143 (1), 2014.

[136] Krämer N., Eimler S. C., Neubaum G., et al., "Broadcasting One World: How Watching Online Videos Can Elicit Elevation and Reduce Stereotypes", *New Media & Society*, Vol. 19, 2017.

[137] Krolak-Salmon P., Hénaff M. A., Isnard J., et al., "An Attention Modulated Response to Disgust in Human Ventral Anterior Insula", *Annals of Neurology*, Vol. 53, 2003.

[138] Lai C. K., Haidt J. & Nosek B. A., "Moral Elevation Reduces Prejudice Against Gay Men", *Cognition & Emotion*, Vol. 28, 2014.

[139] Laird S. P., Snyder C. R., Rapoff M. A. & Green S., "Measuring Private Prayer: Development, Validation, and Clinical Application of the Multidimensional Prayer Inventory", *International Journal for the Psychology of Religion*, Vol. 14, 2004.

[140] Lambert N. M., Clark M. S., Durtschi J., et al., "Benefits of Expressing Gratitude: Expressing Gratitude to a Partner Changes One's View of the Relationship", *Psychological Science*, Vol. 21, 2010.

[141] Leary M. R., "Motivational and Emotional Aspects of the Self", *Annual Review of Psychology*, Vol. 58, 2007.

[142] Leeming D. & Boyle M., "Shame as a Social Phenomenon: A Critical

Analysis of the Concept of Dispositional Shame", *Psychology & Psychotherapy*, Vol. 77, 2011.

[143] Levin S., "The Psychoanalysis of Shame", *The International Journal of Psycho-analysis*, Vol. 52, 1971.

[144] Lewis H. B., *Shame and Guilt in Neurosis*, New York: International Universities Press, 1971.

[145] Lewis, M., "The Self in Self-conscious Emotions", *Annals of the New York Academy of Sciences*, Vol. 818, 1997.

[146] Lewis M. & Ramsay D., "Cortisol Response to Embarrassment and Shame", *Child development*, Vol. 73, 2002.

[147] Lewis M., "The Self in Self-conscious Emotions", *Annals of the New York Academy of Sciences*, Vol. 818, 1997.

[148] Lewis M., Alessandri S. M. & Sullivan M. W., "Differences in Shame and Pride as a Function of Children's Gender and Task Difficulty", *Child development*, Vol. 63, 1992.

[149] Lewis M., In M. Lewis & J. M. Self-conscious Emotions: Embarrassment, Pride, Shame, and Guilt, In Haviland-Jones (Eds.), *Handbook of Emotions* (2nd ed.), New York: Guilford, 2000.

[150] Lewis M., Stanger C., Sullivan M. W. & Barone P., "Changes in Embarrassment as a Function of Age, Sex and Situation", *British Journal of Developmental Psychology*, Vol. 9, 1991.

[151] Lewis M., Takai-Kawakami K., Kawakami K. & Sullivan M. W., "Cultural Differences in Emotional Responses to Success and Failure", *International Journal of Behavioral Development*, Vol. 34, 2010.

[152] Maitlis S. & Ozcelik H., "Toxic Decision Processes: A Study of Emotion and Organizational Decision Making", *Organization Science*, Vol. 15, 2004.

[153] Maldonado R. C., Watkins L. E. & Dilillo D., "The Interplay of Trait Anger, Childhood Physical Abuse, and Alcohol Consumption in Predicting Intimate Partner Aggression", *Journal of Interpersonal Violence*, Vol. 30, 2015.

[154] Maltby J. & Day L., "The Reliability and Validity of a Susceptibility to Embarrassment Scale Among Adults", *Personality and Individual Differences*, Vol. 29, 2000.

[155] Manstead A. S. & Semin G. R., "Social Transgressions, Social Perspectives, and Social Emotionality", *Motivation and Emotion*, Vol. 5, 1981.

[156] Markus H. & Nurius P., "Possible Selves", *American Psychologist*, Vol. 41, 1986.

[157] Mascolo M. F., Fischer K. W. & Li J., "Dynamic Development of Component Systems of Emotions: Pride, Shame, and Guilt in China and the United States", *Handbook of affective sciences*, 2003.

[158] Mathews A. & MacLeod C., "Induced Processing Biases Have Causal Effects on Anxiety", *Cognition & Emotion*, Vol. 16, 2002.

[159] McCullough M. E., "Savoring Life, Past and Present: Explaining What Hope and Gratitude Share in Common", *Psychological Inquiry*, Vol. 13, 2002.

[160] McCullough M. E., Emmons R. A. & Tsang J., "The Grateful Disposition: A Conceptual and Empirical Topography", *Journal of Personality and Social Psychology*, Vol. 82, 2002.

[161] McCullough M. E., Tsang J. A. & Emmons R. A., "Gratitude in Intermediate Affective terrain: Links of Grateful Moods to Individual Differences and Daily Emotional Experience", *Journal of Personality and Social Psychology*, Vol. 86, 2004.

[162] McMahon S. D., Wernsman J. & Parnes A. L., "Understanding Prosocial Behavior: The Impact of Empathy and Gender Among African American Adolescents", *Journal of Adolescent Health*, Vol. 39, 2006.

[163] Mead G. H., *Mind, Self and Society*, University of Chicago Press: Chicago, 1934.

[164] Menesini E., Nocentini A. & Camodeca M., "Morality, Values, Traditional Bullying, and Cyberbullying in Adolescence", *British Journal of Developmental Psychology*, Vol. 31, 2013.

[165] Michl P., Meindl T., Meister F., et al., "Neurobiological Underpinnings of Shame and Guilt: A Pilot fMRI Study", *Social Cognitive and Affective Neuroscience*, Vol. 9, 2012.

[166] Miller R. S., "On the nature of Embarrassabllity: Shyness, Social Evaluation, and Social Skill", *Journal of Personality*, Vol. 63, 1995.

[167] Miller R. S., "On the Primacy of Embarrassment in Social Life", *Psychological Inquiry*, Vol. 12, 2001.

[168] Mills R. S., Imm G. P., Walling B. R. & Weiler H. A., "Cortisol Reactivity and Regulation Associated with Shame Responding in Early Childhood", *Developmental Psychology*, Vol. 44, 2008.

[169] Mills R., "Taking Stock of the Developmental Literature on Shame", *Developmental Review*, Vol. 25, 2005.

[170] Modigliani A., "Embarrassment and Embarrassability", *Sociometry*, 1968.

[171] Modigliani A., "Embarrassment, Facework, and Eye Contact: Testing a Theory of Embarrassment", *Journal of Personality and social Psychology*, Vol. 17, 1971.

[172] Molenberghs P., Bosworth R., Nott Z., et al., "The Influence of Group Membership and Individual Differences in Psychopathy and Perspective Taking on Neural Responses When Punishing and Rewarding Others", *Human Brain Mapping*, Vol. 35, 2014.

[173] Moll J., De O. R., Garrido G. J., et al., "The Self as a Moral Agent: Linking the Neural Bases of Social Agency and Moral Sensitivity", *Social Neuroscience*, Vol. 2, 2007.

[174] Montoya A., Price B. H., Menear M. & Lepage M., "Brain Imaging and Cognitive Dysfunctions in Huntington's Disease", *Journal of Psychiatry and Neuroscience*, Vol. 31, 2006.

[175] Morelli S. A., Rameson L. T. & Lieberman M. D., "The Neural Components of Empathy: Predicting Daily Prosocial Behavior", *Sococial Cognitive and Affectieve Neuroscience*, Vol. 9, 2015.

[176] Moretti L. & Di P. G., "Disgust Selectively Modulates Reciprocal Fair-

ness in Economic Interactions", *Emotion*, Vol. 10, 2010.

[177] Morey R. A., McCarthy G., Selgrade E. S., et al., "Neural Systems for Guilt from Actions Affecting Self Versus Others", *Neuroimage*, Vol. 60, 2012.

[178] Morita T., Itakura S., Saito D. N., et al., "The Role of the Right Prefrontal Cortex in Self-evaluation of the Face: A Functional Magnetic Resonance Imaging Study", *Journal of Cognitive Neuroscience*, Vol. 20, 2008.

[179] Morita T., Kosaka H., Saito D. N., et al., "Emotional Responses Associated with Self-face Processing in Individuals with Autism Spectrum Disorders: An Fmri Study", *Social Neuroscience*, Vol. 7, 2012.

[180] Morita T., Tanabe H. C., Sasaki A. T., et al., "The Anterior Insular and Anterior Cingulate Cortices in Emotional Processing for Self-face Recognition", *Social Cognitive and Affective Neuroscience*, Vol. 9, 2014.

[181] Morrison A. P., "Shame, Ideal Self, and Narcissism", *Contemporary Psychoanalysis*, Vol. 19, 1983.

[182] Muris P. & Meesters C., "Small or Big in the Eyes of the Other: On the Developmental Psychopathology of Self-conscious Emotions as Shame, Guilt, and Pride", *Clinical Child and Family Psychology Review*, Vol. 17, 2014.

[183] Murphy S. A. & Kiffin-Petersen S., "The Exposed Self: A Multilevel Model of Shame and Ethical Behavior", *Journal of Business Ethics*, Vol. 141, 2017.

[184] Nelissen R. M. A. & Zeelenberg M., "When Guilt Evokes Self-punishment: Evidence for the Existence of a Dobby Effect", *Emotion*, Vol. 9, 2009.

[185] Nelissen R. M. A., Breugelmans S. M. & Zeelenberg M., "Reappraising the Moral Nature of Emotions in Decision Making: the Case of Shame and Guilt", *Social & Personality Psychology Compass*, Vol. 7, 2013.

[186] Nelissen R. M., Dijker A. J. & De Vries N. K., "Emotions and Goals: Assessing Relations Between Values and Emotions", *Cognition and Emotion*, Vol. 21, 2007.

[187] Nesbit S. M. & Conger J. C., "Predicting Aggressive Driving Behavior from Anger and Negative Cognitions", *Transportation Research Part F Traffic Psychology & Behaviour*, Vol. 15, 2012.

[188] Neto F., "Correlates of Portuguese College Students' Shyness and Sociability", *Psychological Reports*, Vol. 78, 1996.

[189] Newman J. L., Gray E. A. & Fuqua D. R., "Sex Differences in the Relationship of Anger and Depression: An Empirical Study", *Journal of Counseling & Development*, Vol. 77, 1999.

[190] Oliver M. B., Kim K., Hoewe J., et al., "Media-induced Elevation as a Means of Enhancing Feelings of Intergroup Connectedness", *Journal of Social Issues*, Vol. 71, 2015.

[191] Olthof T., "Anticipated Feelings of Guilt and Shame as Predictors of Early Adolescents' antisocial and prosocial interpersonal behavior", *European Journal of Developmental Psychology*, Vol. 9, 2012.

[192] Ongley S. F., Nola M. & Malti T., "Children's Giving: Moral Reasoning and Moral Emotions in the Development of Donation Behaviors", *Frontiers in Psychology*, Vol. 5, 2014.

[193] Onu D., Kessler T. & Smith J. R., "Admiration: A Conceptual Review", *Emotion Review*, Vol. 8, 2016.

[194] Onu D., Smith J. R. & Kessler T., "Intergroup Emulation: an Improvement Strategy for Lower Status Groups", *Group Processes & Intergroup Relations*, Vol. 18, 2015.

[195] Ortony A., Clore G. L. & Collins A., *The Cognitive Structure of Emotions*, Cambridge University Press, 1990.

[196] Perlmutter L. S., *Transformational Leadership and the Development of Moral Elevation and Trust*, University of British Columbia doctoral dissertation, 2012.

[197] Peterson B. E. & Stewart A. J., "Antecedents and Contexts of Generat-

ivity Motivation at Midlife", *Psychology & Aging*, Vol. 11, 1996.

[198] Peterson C. & Seligman M. E. P., *Character Strengths and Virtues: A Handbook and Classification*, Washington, D. C.: American Psychological Association; New York: Oxford University Press, 2004.

[199] Phillips M. L., Young A. W., Senior C., et al., "A Specific Neural Substrate for Perceiving Facial Expressions of Disgust", *Nature*, Vol. 389, 1997.

[200] Proyer R. T., Gander F., Wellenzohn S. & Ruch W., "Nine Beautiful Things: A Self-administered Online Positive Psychology Intervention on the Beauty in Nature, Arts, and Behaviors Increases Happiness and Ameliorates Depressive Symptoms", *Personality and Individual Differences*, Vol. 94, 2016.

[201] Pusateri T. P. & Latane B., "Respect and Admiration: Evidence for Configural Information Integration of Achieved and Ascribed Characteristics", *Personality and Social Psychology Bulletin*, Vol. 8, 1982.

[202] Ramirez J. M. & Andreu J. M., "Aggression, and Some Related Psychological Constructs (anger, hostility and impulsivity) Some Comments from a Research Project", *Neuroscience & Biobehavioral Reviews*, Vol. 30, 2006.

[203] Reissland N., "Parental Frameworks of Pleasure and Pride", *Infant Behavior and Development*, Vol. 13, 1990.

[204] Reissland N., "The Socialisation of Pride in Young Children", *International Journal of Behavioral Development*, Vol. 17, 1994.

[205] Rimé B., "Emotion Elicits the Social Sharing of Emotion: Theory and Empirical Review", *Emotion Review*, Vol. 1, 2009.

[206] Ritz T., Thöns M., Fahrenkrug S. & Dahme B., "Airways, Respiration, and Respiratory Sinus Arrhythmia During Picture Viewing", *Psychophysiology*, Vol. 42, 2005.

[207] Robbins B. D. & Parlavecchio H., "The Unwanted Exposure of the Self: A Phenomenological Study of Embarrassment", *The Humanistic Psychologist*, Vol. 34, 2006.

[208] Robbins B. D. & Parlavecchio H. , "The Unwanted Exposure of the Self: A Phenomenological Study of Embarrassment", *The Humanistic Psychologist*, Vol. 34, 2006.

[209] Rohrmann S. & Hopp H. , "Cardiovascular Indicators of Disgust", *International Journal of Psychophysiology*, Vol. 68, 2008.

[210] Romani S. & Grappi S. , "How Companies' Good Deeds Encourage Consumers to Adopt Pro-social Behavior", *European Journal of Marketing*, Vol. 48, 2014.

[211] Romani S. , Grappi S. & Bagozzi R. P. , "Corporate Socially Responsible Initiatives and Their Effects on Consumption of Green Products", *Journal of Business Ethics*, Vol. 135, 2016.

[212] Roos S. , Hodges E. V. & Salmivalli C. , "Do Guilt-and Shame-proneness Differentially Predict Prosocial, Aggressive, and Withdrawn Behaviors During Early Adolescence?", *Developmental Psychology*, Vol. 50, 2014.

[213] Rosemary S. L. , Arbeau K. A. , Lall D. I. & De Jaeger A. E. , "Parenting and Child Characteristics in the Prediction of Shame in Early and Middle Childhood", *Merrill-Palmer Quarterly*, Vol. 56, 2010.

[214] Rosenberg E. L. , "Levels of Analysis and the Organization of Affect", *Review of General Psychology*, Vol. 2, 1998.

[215] Rozin P. , Haidt J. & Fincher K. , "From Oral to Moral", *Science*, Vol. 323, 2009.

[216] Rozin P. , Haidt J. & McCauley C. R. , "Disgust", In M. Lewis & J. M. Haviland (Eds.), *Handbook of Emotions*, New York, NY: Guilford Press, 2000.

[217] Russell G. W. & Arms R. L. , "False Consensus Effect, Physical Aggression, Anger, and a Willingness to Escalate a Disturbance", *Aggressive Behavior*, Vol. 21, 1995.

[218] Sabini J. , Siepmann M. , Stein J. & Meyerowitz M. , "Who is Embarrassed by What?", *Cognition & emotion*, Vol. 14, 2000.

[219] Sagar S. S. & Stoeber J. , "Perfectionism, Fear of Failure, and Affec-

tive Responses to Success and Failure: The Central Role of Fear of Experiencing Shame and Embarrassment", *Journal of Sport and Exercise Psychology*, Vol. 31, 2009.

[220] Schaumberg R. L. & Flynn F. J. , "Uneasy Lies the Head That Wears the Crown: The Link Between Guilt Proneness and Leadership", *Journal of Personality and Social Psychology*, Vol. 103, 2012.

[221] Scheff T. J. , "Two Studies of Emotion: Crying and Anger Control", *Contemporary Sociology*, Vol. 16, 1987.

[222] Schindler I. , Paech J. & Löwenbrück F. , "Linking Admiration and Adoration to Self-expansion: Different Ways to Enhance One's Potential", *Cognition & Emotion*, Vol. 29, 2015.

[223] Schlenker B. R. , Weigold M. F. & Schlenker K. A. , "What Makes a Hero? The Impact of Integrity on Admiration and Interpersonal Judgment", *Journal of Personality*, Vol. 76, 2008.

[224] Schnall S. & Roper J. , "Elevation Puts Moral Values into Action", *Social Psychological and Personality Science*, Vol. 3, 2012.

[225] Schnall S. , Haidt J. , Clore G. L. & Jordan A. H. , "Disgust as Embodied Moral Judgment", *Personality & Social Psychology Bulletin*, Vol. 34, 2008.

[226] Schnall S. , Roper J. & Fessler D. M. , "Elevation Leads to Altruistic Behavior", *Psychological Science*, Vol. 21, 2010.

[227] Schoenleber M. & Berenbaum H. , "Aversion and Proneness to Shame in Self-and Informant-reported Personality Disorder Symptoms", *Personality Disorders: Theory, Research, and Treatment*, Vol. 3, 2012.

[228] Schwarz N. & Clore G. L. , "Mood as Information: 20 Years Later", *Psychological Inquiry*, Vol. 14, 2003.

[229] Sharkey W. F. & Singelis T. M. , "Embarrassability and Self-construal: A Theoretical Integration", *Personality and Individual Differences*, Vol. 19, 1995.

[230] Shimoni E. , Asbe M. , Eyal T. & Berger A. , "Too Proud to Regulate: The Differential Effect of Pride Versus Joy on Children's Ability to

Delay Gratification", *Journal of Experimental Child Psychology*, Vol. 141, 2016.

[231] Shin L. M., Dougherty D. D., Orr S. P., et al., "Activation of Anterior Paralimbic Structures During Guilt-related Script-driven Imagery", *Biological Psychiatry*, Vol. 48, 2000.

[232] Shorr D. N. & McClelland S. E., "Children's Recognition of Pride and Guilt as Consequences of Helping and Not Helping", *Child Study Journal*, Vol. 28, 1998.

[233] Siegel J. T. & Thomson A. L., "Positive Emotion Infusions of Elevation and Gratitude: Increasing Help-seeking Intentions Among People with Heightened Levels of Depressive Symptomatology", *The Journal of Positive Psychology*, Vol. 12, 2017.

[234] Siegel J. T., Navarro M. A. & Thomson A. L., "The Impact of Overtly Listing Eligibility Requirements on MTurk: An Investigation Involving Organ Donation, Recruitment Scripts, and Feelings of Elevation", *Social Science & Medicine*, Vol. 142, 2015.

[235] Silvers J. A. & Haidt J., "Moral Elevation Can Induce Nursing", *Emotion*, Vol. 8, 2008.

[236] Smith D. C. & Furlong M. J., "Introduction to the Special Issue: Addressing Youth Anger and Aggression in School Settings", *Psychology in the Schools*, Vol. 35, 1998.

[237] Snell W. E., Gum S., Shuck R. L., et al., "The Clinical Anger Scale: Preliminary Reliability and Validity", *Journal of Clinical Psychology*, Vol. 51, 1995.

[238] Spielberger C. D., Jacobs G., Russell S. & Crane R. S., "Assessment of Anger: The State-trait Anger Scale", *Advances in Personality Assessment*, Vol. 2, 1983.

[239] Stark R., Zimmermann M., Kagerer S., et al., "Hemodynamic Brain Correlates of Disgust and Fear Ratings", *Neuroimage*, Vol. 37, 2007.

[240] Stewart J. L., Silton R. L., Sass S. M., et al., "Attentional Bias to

Negative Emotion as a Function of Approach and Withdrawal Anger Styles: An ERP Investigation", *International Journal of Psychophysiology*, Vol. 76, 2010.

[241] Stipek D., "The development of pride and shame in toddlers", In J. P. Tangney & K. W. Fischer (Eds.), Self-conscious Emotions: The Psychology of Shame, Guilt, Embarrassment, and Pride, New York: Guilford, 1995.

[242] Stipek D., Recchia S., McClintic S. & Lewis M., "Self-evaluation in Young Children", *Monographs of the Society for Research in Child Development*, Vol. 57, 1992.

[243] Stoeber J., Kobori O. & Tanno Y., "Perfectionism and Self-conscious Emotions in British and Japanese Students: Predicting Pride and Embarrassment After Success and Failure", *European Journal of Personality*, Vol. 27, 2013.

[244] Stoner S. B. & Spencer W. B., "Age and Sex Differences on the State-trait Personality Inventory", *Psychological Reports*, Vol. 59, 1986.

[245] Strayer J. & Roberts W., "Empathy and Observed Anger and Aggression in Five-year-olds", *Social Development*, Vol. 13, 2004.

[246] Strohminger N., Lewis R. L. & Meyer D. E., "Divergent Effects of Different Positive Emotions on Moral Judgment", *Cognition*, Vol. 119, 2011.

[247] Stuewig J., Tangney J. P., Heigel C., et al., "Shaming, Blaming, and Maiming: Functional Links Among the Moral Emotions, Externalization of Blame, and Aggression", *Journal of Research in Personality*, Vol. 44, 2010.

[248] Stuewig J., Tangney J. P., Kendall S., et al., "Children's Proneness to Shame and Guilt Predict Risky and Illegal Behaviors in Young Adulthood", *Child Psychiatry & Human Development*, Vol. 46, 2015.

[249] Takahashi H., Matsuura M., Koeda M., et al., "Brain Activations During Judgments of Positive Self-conscious Emotion and Positive Basic Emotion: Pride and Joy", *Cerebral Cortex*, Vol. 18, 2007.

[250] Takahashi H., Yahata N., Koeda M., et al., "Brain Activation Associated with Evaluative Processes of Guilt and Embarrassment: An fMRI Study", *Neuroimage*, Vol. 23, 2004.

[251] Tangney J. P., "Perfectionism and the Self-conscious Emotions: Shame, Guilt, Embarrassment, and Pride", In G. L. Flett & P. L. Hewitt (Eds.), *Perfectionism: Theory, Research, and Treatment*, Washington, D. C., US: American Psychological Association, 2002.

[252] Tangney J. P., "Recent Advances in the Empirical Study of Shame and Guilt", *American Behavioral Scientist*, Vol. 38, 1995.

[253] Tangney J. P. and Dearing R. L., *Shame and Guilt*, New York, NY: The Guilford Press, 2002.

[254] Tangney J. P., Stuewig J. & Martinez A. G., "Two Faces of Shame: The Roles of Shame and Guilt in Predicting Recidivism", *Psychological Science*, Vol. 25, 2014.

[255] Tangney J. P., Wagner P. E., Burggraf S. A., Gramzow R. & Fletcher C., "Children's Shame-proneness, But not Guilt-proneness, Is Related to Emotional and Behavioral Maladjustment", In Poster Presented at the Meeting of the American Psychological Society, 1991.

[256] Tangney J. P., Wagner P. E., Hillbarlow D., et al., "Relation of Shame and Guilt to Constructive Versus Destructive Responses to Anger Across the Lifespan", *Journal of Personality and Socical Psychology*, Vol. 70, 1996.

[257] Tangney J. P. Wagner P. & Gramzow R., "Proneness to Shame, Proneness to Guilt, and Psychopathology", *Journal of Abnormal Psychology*, Vol. 101, 1991.

[258] Tangney J. P., Wagner P., Fletcher C. & Gramzow R., "Shamed into Anger? The Relation of Shame and Guilt to Anger and Self-reported Aggression", *Journal of Personality & Social Psychology*, Vol. 62, 1992.

[259] Telle N. T. & Pfister H., "Positive Empathy and Prosocial Behavior: A Neglected Link", *Emotion Review*, Vol. 8, 2016.

[260] Thomson A. L. & Siegel J. T., "A Moral Act, Elevation, and Prosocial

Behavior: Moderators of Morality", *The Journal of Positive Psychology*, Vol. 8, 2013.

[261] Thomson A. L., Nakamura J., Siegel J. T. & Csikszentmihalyi M., "Elevation and Mentoring: An Experimental Assessment of Causal Relations", *The Journal of Positive Psychology*, Vol. 9, 2014.

[262] Tilghman-Osborne C., Cole D. A. & Felton J. W., "Definition and Measurement of Guilt: Implications for Clinical Research and Practice", *Clinical Psychology Review*, Vol. 30, 2010.

[263] Tong E. M. W. & Yang Z., "Moral Hypocrisy of Proud and Grateful People", *Social Psychological & Personality Science*, Vol. 2, 2011.

[264] Tracy J. L. & Robins R. W., "The Nonverbal Expression of Pride: Evidence for Cross-cultural Recognition", *Journal of Personality and Social Psychology*, Vol. 94, 2008.

[265] Tracy J. L. & Robins R. W., "Death of a (Narcissistic) Salesman: An Integrative Model of Fragile Self-Esteem", *Psychological Inquiry*, Vol. 14, 2003.

[266] Tracy J. L. & Robins R. W., "Putting the Self Into Self-Conscious Emotions: A Theoretical Model", *Psychological Inquiry*, Vol. 15, 2004.

[267] Tracy J. L. & Robins R. W., "Show Your Pride: Evidence for a Discrete Emotion Expression", *Psychological Science*, Vol. 15, 2004.

[268] Tracy J. L. & Robins R. W., "The Automaticity of Emotion Recognition", *Emotion*, Vol. 8, 2008.

[269] Tracy J. L. & Robins R. W., "The Nonverbal Expression of Pride: Evidence for Cross-cultural Recognition", *Journal of Personality and Social Psychology*, Vol. 94, 2008.

[270] Tracy J. L. & Robins R. W., "The Prototypical Pride Expression: Development of a Nonverbal Behavior Coding System", *Emotion*, Vol. 7, 2007.

[271] Tracy J. L. & Robins R. W., "The Psychological Structure of Pride: A Tale of Two Facets", *Journal of Personality and Social Psychology*, Vol. 92, 2007.

[272] Tracy J. L. , Cheng J. T. , Robins R. W. , et al. , "Authentic and Hubristic Pride: The Affective Core of Self-esteem and Narcissism", *Self and Identity*, Vol. 8, 2009.

[273] Tracy J. L. , Robins R. W. & Lagattuta K. H. , "Can children Recognize Pride?", *Emotion*, Vol. 5, 2005.

[274] Tracy J. L. , Robins R. W. & Schriber R. A. , "Development of a FACS-verified Set of Basic and Self-conscious Emotion Expressions", *Emotion*, Vol. 9, 2009.

[275] Tracy J. L. , Shariff A. F. & Cheng J. T. , "A Naturalist's View of Pride", *Emotion Review*, Vol. 2, 2010.

[276] Tsang J. A. & Martin S. R. , "Four Experiments on the Relational Dynamics and Prosocial Consequences of Gratitude", *Journal of Positive Psychology*, Vol. 3, 2017.

[277] Tybur J. M. , Lieberman D. & Griskevicius V. , "Microbes, Mating, and Morality: Individual Differences in Three Functional Domains of Disgust", *Journal of Personality and Social Psychology*, Vol. 97, 2009.

[278] Ugazio G. , Lamm C. & Singer T. , "The Role of Emotions for Moral Judgments Depends on the Type of Emotion and Moral scenario", *Emotion*, Vol. 12, 2012.

[279] Van Cappellen P. , Saroglou V. , Iweins C. , et al. , "Self-transcendent Positive Emotions Increase Spirituality Through Basic World Assumptions", *Cognition & Emotion*, Vol. 27, 2013.

[280] Van de Vyver J. & Abrams D. , "Testing the Prosocial Effectiveness of the Prototypical Moral Emotions: Elevation Increases Benevolent Behaviors and Outrage Increases Justice Behaviors", *Journal of Experimental Social Psychology*, Vol. 58, 2015.

[281] Van Overveld W. J. M. , De Jong P. J. & Peters M. L. , "Digestive and Cardiovascular Responses to Core and Animal-reminder Disgust", *Biological Psychology*, Vol. 80, 2009.

[282] Vianello M. , Galliani E. M. & Haidt J. , "Elevation at Work: The

Effects of Leaders' Moral Excellence", *The Journal of Positive Psychology*, Vol. 5, 2010.

[283] Walter H., "Social Cognitive Neuroscience of Empathy: Concepts, Circuits, and Genes", *Emotion Review*, Vol. 4, 2012.

[284] Watson D., "Locating anger in the Hierarchical Structure of Affect: Comment on Carver and Harmon-Jones", *Psychological Bulletin*, Vol. 135, 2009.

[285] Weidman A. C., Tracy J. L. & Elliot A. J., "The Benefits of Following Your Pride: Authentic Pride Promotes Achievement", *Journal of Personality*, Vol. 84, 2016.

[286] Weinberg M. K. & Tronick E. Z., "Infant Affective Reactions to the Resumption of Maternal Interaction After the Still-face", *Child Development*, Vol. 67, 1996.

[287] Weiner B., "An Attributional Theory of Achievement Motivation and Emotion", *Psychological Review*, Vol. 92, 1985.

[288] Weiner B., "Attribution, Emotion, and Action", In R. M. Sorrentino & E. T. Higgins (Eds.), *Handbook of Motivation and Cognition: Foundations of Social Behavior*, New York: Guilford Press, 1986.

[289] Weiner B., *Theories of Motivation: From Mechanism to Cognition*, Oxford, England: Markham, 1972.

[290] Weiss H. M., Suckow K. & Cropanzano R., "Effects of Justice Conditions on Discrete Emotions", *Journal of Applied Psychology*, Vol. 84, 1999.

[291] Werkander H. C., Roxberg A., Andershed B. & Brunt D., "Guilt and shame—a Semantic Concept Analysis of Two Concepts Related to Palliative Care", *Scandinavian Journal of Caring Sciences*, Vol. 26, 2012.

[292] Wetzer I. M., Zeelenberg M. & Pieters R., "Consequences of Socially Sharing Emotions: Testing the Emotion-response Congruency Hypothesis", *European Journal of Social Psychology*, Vol. 37, 2010.

[293] Wheatley T. & Haidt J., "Hypnotic Disgust Makes Moral Judgments

More Severe", *Psychological Science*, Vol. 16, 2005.

[294] Whittle S., Liu K., Bastin C., et al., "Neurodevelopmental Correlates of Proneness to Guilt and Shame in Adolescence and Early Adulthood", *Developmental Cognitive Neuroscience*, Vol. 19, 2016.

[295] Williams L. A. & DeSteno D., "Pride and Perseverance: The Motivational Role of Pride", *Journal of Personality and Social Psychology*, Vol. 94, 2008.

[296] Williams L. A. & Desteno D., "Pride: Adaptive Social Emotion or Seventh Sin?", *Psychological Science*, Vol. 20, 2010.

[297] Williams L. A., *Developing a Functional View of Pride in the Interpersonal Domain*, Doctoral Dissertation, Northeastern University, 2009.

[298] Wilson A. E. & Ross M., "From Chump to Champ: People's Appraisals of Their Earlier and Present Selves", *Journal of personality and social psychology*, Vol. 80, 2001.

[299] Winterich K. P., Aquino K., Mittal V. & Swartz R., "When Moral Identity Symbolization Motivates Prosocial Behavior: The Role of Recognition and Moral Identity Internalization", *Journal of Applied Psychology*, Vol. 98, 2013.

[300] Winterich K. P., Mittal V. & Morales A. C., "Protect Thyself: How Affective Self-protection Increases Self-interested, Unethical Behavior", *Social Science Electronic Publishing*, Vol. 125, 2014.

[301] Wood A. M., Joseph S. & Maltby J., "Gratitude Predicts Psychological Well-being Above the Big Five facets", *Personality and Individual Differences*, Vol. 46, 2009.

[302] Wood A. M., Maltby J., Gillett R., et al., "The Role of Gratitude in the Development of Social Support, stress, and Depression: Two Longitudinal Studies", *Journal of Research in Personality*, Vol. 42, 2008.

[303] Wright P., He G., Shapira N. A., Goodman W. K. & Liu Y., "Disgust and the Insula: fMRI Responses to Pictures of Mutilation and Contamination", *Neuroreport*, Vol. 15, 2004.

[304] Yost-Dubrow R. & Dunham Y. , "Evidence for a Relationship Between Trait Gratitude and Prosocial Behavior", *Cognition & Emotion*, Vol. 32, 2018.

[305] Yu H. , Hu J. , Hu L. & Zhou X. , "The Voice of Conscience: Neural Bases of Interpersonal Guilt and Compensation", *Social Cognitive and Affective Neuroscience*, Vol. 9, 2013.

[306] Zinner L. R. , Brodish A. B. , Devine P. G. & Harmon-Jones E. , "Anger and Asymmetrical Frontal Cortical Activity: Evidence for an Anger-withdrawal Relationship", *Cognition and Emotion*, Vol. 22, 2008.